電子情報通信レクチャーシリーズ **B-9**

ネットワーク工学

電子情報通信学会◉編

田村　裕
中野敬介　共著
仙石正和

コロナ社

刊行のことば

　新世紀の開幕を控えた 1990 年代，本学会が対象とする学問と技術の広がりと奥行きは飛躍的に拡大し，電子情報通信技術とほぼ同義語としての "IT" が連日，新聞紙面を賑わすようになった．

　いわゆる IT 革命に対する感度は人により様々であるとしても，IT が経済，行政，教育，文化，医療，福祉，環境など社会全般のインフラストラクチャとなり，グローバルなスケールで文明の構造と人々の心のありさまを変えつつあることは間違いない．

　また，政府が IT と並ぶ科学技術政策の重点として掲げるナノテクノロジーやバイオテクノロジーも本学会が直接，あるいは間接に対象とするフロンティアである．例えば工学にとって，これまで教養的色彩の強かった量子力学は，今やナノテクノロジーや量子コンピュータの研究開発に不可欠な実学的手法となった．

　こうした技術と人間・社会とのかかわりの深まりや学術の広がりを踏まえて，本学会は 1999 年，教科書委員会を発足させ，約 2 年間をかけて新しい教科書シリーズの構想を練り，高専，大学学部学生，及び大学院学生を主な対象として，共通，基礎，基盤，展開の諸段階からなる 60 余冊の教科書を刊行することとした．

　分野の広がりに加えて，ビジュアルな説明に重点をおいて理解を深めるよう配慮したのも本シリーズの特長である．しかし，受身的な読み方だけでは，書かれた内容を活用することはできない．"分かる" とは，自分なりの論理で対象を再構築することである．研究開発の将来を担う学生諸君には是非そのような積極的な読み方をしていただきたい．

　さて，IT 社会が目指す人類の普遍的価値は何かと改めて問われれば，それは，安定性とのバランスが保たれる中での自由の拡大ではないだろうか．

　哲学者ヘーゲルは，"世界史とは，人間の自由の意識の進歩のことであり，··· その進歩の必然性を我々は認識しなければならない" と歴史哲学講義で述べている．"自由" には利便性の向上や自己決定・選択幅の拡大など多様な意味が込められよう．電子情報通信技術による自由の拡大は，様々な矛盾や相克あるいは摩擦を引き起こすことも事実であるが，それらのマイナス面を最小化しつつ，我々はヘーゲルの時代的，地域的制約を超えて，人々の幸福感を高めるような自由の拡大を目指したいものである．

　学生諸君が，そのような夢と気概をもって勉学し，将来，各自の才能を十分に発揮して活躍していただくための知的資産として本教科書シリーズが役立つことを執筆者らと共に願っ

ている．

　なお，昭和 55 年以来発刊してきた電子情報通信学会大学シリーズも，現代的価値を持ち続けているので，本シリーズとあわせ，利用していただければ幸いである．

　終わりに本シリーズの発刊にご協力いただいた多くの方々に深い感謝の意を表しておきたい．

　　2002 年 3 月　　　　　　　　　　　　　　　　電子情報通信学会 教科書委員会

　　　　　　　　　　　　　　　　　　　　　委員長　辻 井 重 男

まえがき

　まずお断りしておきたいのは，本書は電子情報通信分野において，単に現時点での応用技術を紹介するものではないということである．本シリーズは多くの分野から構成されており，応用技術については，例えば「インターネット工学」や「情報通信ネットワーク」を読まれることを願う．なお，ネットワーク工学とは何かについては，1章を読んでいただければ，と思う次第である．

　「刊行のことば」にもあるように，本シリーズは，ビジュアル的な理解を目指している点が特徴である．図を多く取り入れることで，本文を読み，対応する図とそのキャプションで確認しつつ読み進められるような形式をとっている．文章の量をおさえているので，細かいところの内容が隅々までわかるようなものではない．アイデアや考え方などを大まかにつかんで，今後の勉学に生かしてもらいたいと考えている．

　本書のおもな内容は以下のとおりである．

　1章の「ネットワーク工学とは」では，ネットワークとは何か，工学とは何かについて述べ，本書の扱うネットワーク工学の構成を説明している．

　2章の「ネットワークの定義と基本的性質」では，グラフとネットワークを定義し，本書を読み進めるのに必要な性質について述べている．最初は証明も加えているが，理論的な詳細な考察は目的としていないので，読み飛ばしても差し支えない．

　3章の「ネットワークアルゴリズム」では，最短路など代表的なアルゴリズムを紹介している．グラフアルゴリズムについては，多くの図書が出版されているので，アルゴリズムの正当性などが必要であればそちらを参照されたい．

　4章の「ネットワークの構成」では，ネットワーク構造を取り上げ，施設の設置やネットワークにおいての中心らしさ，インターネットに代表されるネットワークの成長モデルについて論じている．

　5章の「待ち行列理論」では，実際にネットワークに情報を流したとし，ネットワーク上のある処理にどれだけ時間がかかり，どれだけ待つのかについて確率的に評価している．

　6章の「ネットワークの信頼性」では，ネットワーク上の点や辺が故障しても，ネットワークとしての機能が保たれるための条件について考えるとともに，確率的に故障するとしたときの信頼性にも触れている．

　7章の「ネットワークにおける経路設計」では，特に通信への応用を考えた際，いくつか

の問題に対して，どのように経路を設計するかについて論じている．

　8章の「モバイルネットワークから見たネットワーク工学」では，近年大きく変化している多様なモバイルネットワークであるが，その中に既存のネットワーク上の問題が潜んでいることもあること，また，これからのモバイルネットワークに対する全く新しいネットワーク上の問題についても触れている．

　各章末には理解度の確認として問題をあげている．本文中にヒントがあるので，ぜひ自分でチャレンジしてほしい．

　最後に，グラフの作成や原稿全般に目を通して誤りを指摘していただいた新潟国際情報大学の宮北和之講師（当時新潟大学）に深く感謝する．また，遅々として進まない執筆を長期にわたりサポートしていただいたコロナ社の方々に感謝と遅れてしまったお詫びを申し上げる．

　　2020 年 4 月

田　村　　　裕

中　野　敬　介

仙　石　正　和

目　　　次

1.　ネットワーク工学とは

2.　ネットワークの定義と基本的性質

3.　ネットワークアルゴリズム

4.　ネットワークの構成

5.　待ち行列理論

6. ネットワークの信頼性

7. ネットワークにおける経路設計

8. モバイルネットワークから見たネットワーク工学

1 ネットワーク工学とは

　本書は，「ネットワーク工学」という題名であるが，まずはこの題名について考えてみる．「ネットワーク」という言葉は，日常にかなり入り込んでいるのではないだろうか．「私のネットワークを使って…」，「この番組は全国ネット（ワーク）で送る」とか，ほかに電子情報通信分野での用語としては，コンピュータネットワーク，情報ネットワーク，情報通信ネットワークなど，多種多様に使われている．ここでは，何らかの意味のあるつながり（有機的なつながりとまでなっていなくても）がネットワークであると大雑把に考えることにする．なぜなら，ネット（net）は網を意味し，つながりをイメージするからである．ワーク（work）は仕事，作業，作品を意味し，もっと一般的に作られたモノ（物）やコト（事）をいうようである．「網の仕事」では，分かりにくく，「網状をベースとして作られたモノやコト」がネットワークであると考えられる．

　次に，「工学」とは何だろうか？　例えば，1998年に国立8大学の工学部を中心とした「工学における教育プログラムに関する検討委員会」において議論され，工学は次のように位置づけられている．『工学とは数学と自然科学を基礎とし，ときには人文社会科学の知見を用いて，公共の安全，健康，福祉のために有用な事物や快適な環境を構築することを目的とする学問である』．少し長い工学の定義であるが，当時の精密な表現となっている．もっと簡単な表現としては，一般に理学との比較で，「理学とは，自然界の真理を追い求める学問，一方，工学とは，人の役に立つことを追い求める学問である」，といわれている．これを採用すると，「ネットワーク工学」は，網状をベースとして作られたモノやコトで，人の役に立つことを追い求める学問であるといえる．ここでネットワーク工学の文字どおりからの意味する説明をなぜしたかというと，電子情報通信分野でのネットワーク工学というと，インターネットの仕組みや通信プロトコルを説明する内容であったり，情報通信技術，情報通信回路網の内容

であったり，応用技術であったり，そのハウツー的なものであったりする場合があるからである．もちろん応用技術のような内容も情報通信分野では重要で，ネットワーク工学といっても差し支えないしその内容も大切であるが，本書では，最初に説明したネットワーク工学の文字から連想するもう少し基礎的でかつネットワーク固有の普遍的な内容を論じている．とはいっても，電子情報通信分野に関係した内容に重点を置いたネットワーク工学の内容である．

　ネットは網を意味するが，網は糸や針金で編んで作ったもので，例えば魚網などを連想する．糸や針金で編むとき，構造的には糸や針金の部分と編んだときの結びの部分からなっている．つまり図的に表すと糸や針金の部分の線と，結びの部分の点からなる図形となる．この線と点のつながり方を示す図形の例を**図 1.1** (a) に示す．このような線と点のつながり方の図形の性質を調べる理論は**グラフ理論**といわれ，その図形は**グラフ**と呼ばれる．グラフ理論では，図形上の線のことを**辺**（edge），接続点のことを**点**（vertex）と呼んで，このグラフの辺や点に重みをつけたものは**ネットワーク**と呼ばれている．例えば，図 (b) は図 (a) の辺に 1，2，5 などの重みをつけたネットワークである．これらの重みは，例えば網の糸や針金の長さや太さを意味している．

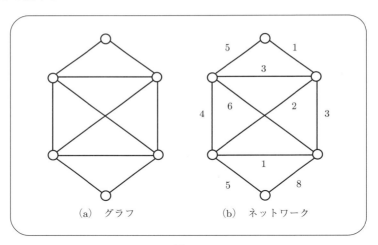

（a）　グラフ　　　　　（b）　ネットワーク

図 1.1

　例として，情報通信網を考えると，このネットワークのモデルとして，点は通信局，辺はその間をつなぐ通信線と考える．直感的に，辺の重みとしては，通信線の長さ（距離）は遅延時間を，通信線の太さはその通信線に流せる容量を表していると考えることができる．このとき，ある局とある局の間で，一番短い遅延時間はどのくらいかとか，ある局とある局の間には最大どのくらいの容量があるのかなどは，全体の性能評価解析や，必要な性能を持つ情報通信網を設計する際に必要な指標である．一番短い遅延時間と最大容量は，それぞれネットワーク工学での最短経路問題及び最大フロー問題として知られており，基本として重要視さ

れている．道路網を例にとると，点は都市を，辺は都市の間の道路を表し，辺の重みは，道路の長さ（距離）を表すかもしれないし，道路の幅を表すかもしれない．このとき，最短経路問題は都市間の道路上の最短距離を求めることになり，最大フロー問題は都市間の最大交通量を求めることになる．このような基本の問題はネットワーク工学の土台をなすもので，本書ではまずこのところから解説する．これらは辺に重みのついたネットワークであるが，点に重みのついた場合も考えられる．点の重みは，例えば，情報通信網では通信局のファイルの大きさなどを表しており，道路網では点の重みは都市の人口などを表す．

さらに，情報通信網で重要な待ち行列理論にも触れ，そしてモバイル通信でのネットワーク工学の応用も論ずる．通信局が移動（動き回る）しながらの通信すなわちモバイル通信は，従来の通信トラヒック理論を土台としながらも，道路網（航空，船なども含む）の交通トラヒック理論（交通流理論）とも関わってくる．また，通信局が移動することにより，時々刻々，ネットワーク構造自体が変化する．さらに情報を伝達する場合，移動する局は移動する複数局を無線で経由する情報伝達形態となったり，場合によっては，無線が通じないときは，局が移動して情報を運び，次の局に情報を渡すような形態も考えられる．その際ネットワーク全体の性能がどのような影響を受けるのかなども，興味ある問題である．

ここで，断っておきたいことがある．上述では，情報通信網，道路網など，扱う実体がネットワーク構造をしているものを説明した．実は，扱うものがネットワーク構造をしていなくても，その機能などのモデルがネットワーク構造をしており，ネットワーク工学が応用できる場合も多々あるということである．そして，そのネットワークの特性が，ネットワークのつながり方（グラフ）のみによって決まってくる場合と，ネットワークの点や辺の重みによって決まってくる場合，ネットワークのつながり方と重みの両方によって決まってくる場合がある．これらのことはネットワークモデルのシステムを理解するうえで最も重要であり，そのことにも注意し，特に注目して学んでほしい．

現在はアルゴリズムをコーディングしたライブラリや，できあがったシミュレータなどをダウンロードできて便利である．しかし，その一方で，自分が向かい合う問題がなぜ問題で，何が本質的な問題になっているのか，どのように定式化して解決するか，という問いに対する答えはダウンロードできず自分で考えなければならない．これを考えるためには，理論の力が重要である．多くの問題解決には，理論的部分と実践部分を何度も行き来するプロセスが存在する．この際にも，基礎的な理論が土台として力を発揮する．

ネットワーク工学のネットワークの構造は図形的にもまたそこから得られる知見も興味深く，奥深い．このような知的で，人間に役立ちそうな分野を皆さんが楽しんでいただくことで，新しい発明や発見が導かれ，未来の社会に役に立つ大きな貢献に結びつくことを確信している次第である．

2

ネットワークの
定義と基本的性質

　　本章では，グラフとネットワークを定義し，その基本的性質を扱
う．グラフとネットワークの定義はいくつかあるが，そう難しいも
のではない．形状から想像できる定義も多く，多くの定義を覚える
必要はない．

2.1 グラフとネットワーク

2.1.1 グラフの定義

　グラフとは，点集合 V，辺集合 E，辺から点対への写像 ϕ からなる（図 **2.1**(a)）．通常は，V も E も有限集合である．ϕ は，辺の点への接続関係を表す写像となる．例えば，$V = \{u, v, w\}$，$E = \{e, e'\}$ とし，ϕ を $\phi(e) = (u, v)$，$\phi(e') = (v, w)$ とすると，図 (b) のように表現されたグラフとなる．点対に順序があるとしたとき**有向グラフ**，ないとき**無向グラフ**という．図 (a)，(b) は無向グラフの場合であり，点対に順序がある有向グラフであれば，図 **2.2**(a) のように表現する．

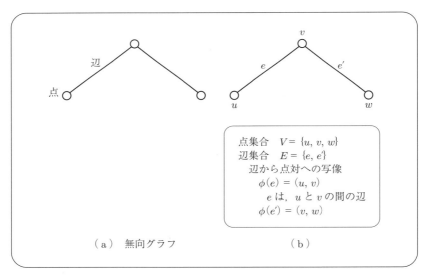

（a）　無向グラフ　　　　　　　（b）

図 2.1

　さて，この定義で写像 ϕ は，単純な表現を必要以上に複雑化しているようにも思える．例えば，有向グラフであれば，E を順序のついた点対の集合としてみなせばよいとも考えられる．ただ，この定義では，点対間に複数の辺，有向グラフにおいては同じ向きに複数の辺があった場合に表現できない（このような辺を**多重辺**という（図 2.2(b)））．多重辺がない場合は，E を点対で表すこともあり，これを**単純グラフ**という．また，点対といったときに，同じ点からなるループという辺 (u, u) を認めるかどうかでも定義が違ってくる（図 (c)）．以降

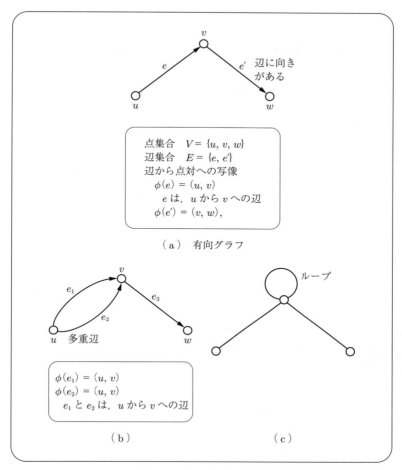

（ａ） 有向グラフ

（ｂ）   （ｃ）

図 **2.2**

では，特に断らない限り，ループのない単純グラフを仮定する．

　以上がグラフの定義であるが，グラフは図形を元にしたほうが考えやすい．二次元に描くことができるので，図形の情報も交えて考えることができる．V, E, ϕ で表現するより，図に描いたほうが，グラフを把握しやすいことも多い．

　このようなグラフの定義からは，点や辺のつながり具合を表しているのみである．本書で扱うのは，何らかの物理的な意味を持ったものがほとんどなので，次にネットワークを定義する．

2.1.2 ネットワークの定義

グラフ G の点または辺に**重み**といわれる数字や記号を割り当てる．普通は，点上や辺上に

数字や記号を書くことで表現する（定義としては，点集合または辺集合から，重み集合への写像となる）．このグラフで，何らかの物理的な意味を持った場合に**ネットワーク**という．

図 2.3 が辺に重みの割り当てられた無向グラフの例である．なお，誤解の恐れのない場合，ネットワークを点や辺に重みがついたグラフと表現することもある．

図 2.3

2.2　グラフの諸定義

それでは，本書で用いる他の定義を与える．

図 2.4 のように点 u と点 v の間に辺 e が存在するとき，u と v は**隣接**するといい，e と u は**接続**するという．辺 e と e' 両方が接続する点が存在する場合，e と e' は隣接するという，また u, v を e の**端点**という．有向グラフの場合，e が点 u から v への辺であれば，u を始

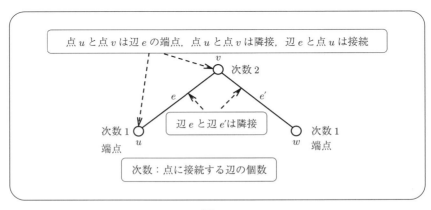

図 2.4

点，v を**終点**という．点 u に接続する辺の個数を u の**次数**という．なお，有向グラフの場合，点 u が始点となる辺の数を**出次数**，終点となる辺の数を**入次数**という．例えば，図 2.2 (b) で点 v の出次数は 1，入次数は 2 となる．

　グラフ G の一部分のグラフを G の**部分グラフ**という．例えば，**図 2.5** において，図 (b) は図 (a) の部分グラフとなる．次に，V' を点集合 V の部分集合とし，V' の点を両端点と

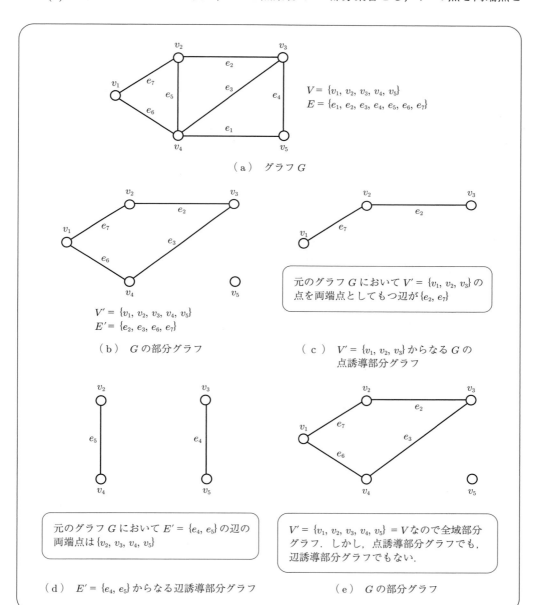

$V = \{v_1, v_2, v_3, v_4, v_5\}$
$E = \{e_1, e_2, e_3, e_4, e_5, e_6, e_7\}$

（a）　グラフ G

$V' = \{v_1, v_2, v_3, v_4, v_5\}$
$E' = \{e_2, e_3, e_6, e_7\}$

（b）　G の部分グラフ

元のグラフ G において $V' = \{v_1, v_2, v_3\}$ の点を両端点としてもつ辺が $\{e_2, e_7\}$

（c）　$V' = \{v_1, v_2, v_3\}$ からなる G の点誘導部分グラフ

元のグラフ G において $E' = \{e_4, e_5\}$ の辺の両端点は $\{v_2, v_3, v_4, v_5\}$

（d）　$E' = \{e_4, e_5\}$ からなる辺誘導部分グラフ

$V' = \{v_1, v_2, v_3, v_4, v_5\} = V$ なので全域部分グラフ．しかし，点誘導部分グラフでも，辺誘導部分グラフでもない．

（e）　G の部分グラフ

図 2.5

して持つ辺の集合を E' とするとき，(V', E') を V' からなる**点誘導部分グラフ**という．逆に辺集合 E' を点集合 E の部分集合とし，E' の各辺の端点の集合を V' とするとき，(V', E') を E' からなる**辺誘導部分グラフ**という．例えば，図 (c) は $V' = \{v_1, v_2, v_3\}$ からなる図 (a) のグラフ G の点誘導部分グラフであり，図 (d) は $E' = \{e_4, e_5\}$ からなる辺誘導部分グラフとなる．すべての部分グラフが，点誘導部分グラフであったり，辺誘導部分グラフであるわけではない．図 (e) は図 (a) の点誘導部分グラフでも辺誘導部分グラフでもないことがわかるだろうか．また，G の部分グラフ G' で，点集合が G と等しい場合，G' を**全域部分グラフ**という．図 (e) は図 (a) の全域部分グラフとなる．

　ある点 v，v に接続する辺 e，e に接続する点 u，u に接続する辺 e'，e' に接続する点 w というような，点と辺が交互に現れる，点から始まり点で終わる列 v, e, u, e', w を**道**という（**図 2.6** (a)）．このとき，u を道の**始点**，w を**終点**という．道 P の中で，現れる辺がすべて異なる場合，P を**単純な道**という（図 (b)）．道 P の中で，現れる点がすべて異なる場合，P を**初等的な道**または**パス**という．道 P の中で，始点と終点のみ同じ点で，他の点がすべて

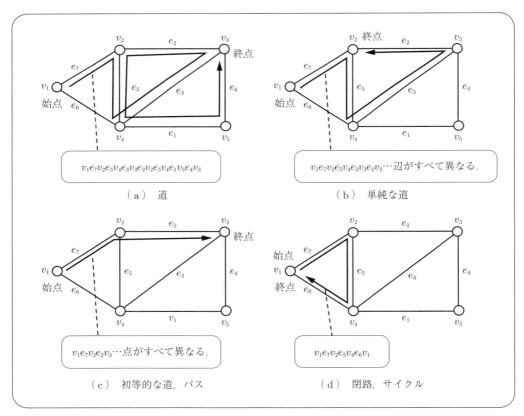

（a）道　　　　　　　　　　　　　　（b）単純な道

（c）初等的な道，パス　　　　　　　（d）閉路，サイクル

図 2.6

異なる場合，P を**閉路**または**サイクル**という．図 (c) で $v_1 e_7 v_2 e_2 v_3$ は道であり，現れる点が
すべて異なるのでパスでもある．また図 (d) で $v_1 e_7 v_2 e_5 v_4 e_6 v_1$ は閉路となる．なお，紛らわ
しくない場合は，点列で表すこともあり，この閉路の場合は，$v_1 v_2 v_4 v_1$，または $v_1 - v_2 - v_4 - v_1$
と表す．

　グラフ G の任意の 2 点 u, v に対して，u を始点 v を終点とする道が存在するとき，G を**連
結グラフ**といい，連結でないグラフを**非連結グラフ**という．非連結グラフにおける一つ一つ
の連結グラフをそれぞれ**連結成分**という．このような一見面倒な定義は，図に描くことで，
全体がつながっているグラフが連結グラフで，いくつかに分かれているグラフが非連結グラ
フであることはすぐにわかる．**図 2.7** (a) は連結グラフで，図 (b) は非連結グラフで，連結成
分は二つある．基本的な定義を定義通りに覚えなくとも，イメージで記憶し，必要なときに
本書等で調べることで問題ないこともあるので，堅苦しく考えることはない．

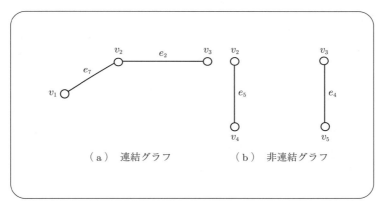

（a）　連結グラフ　　　　　（b）　非連結グラフ

図 2.7

　次に，グラフの結びつきの強さに関する定義をしよう．連結グラフ G から点 v を取り除
くとする．これは，点 v と，点 v に接続する辺すべてを G から取り除くことを意味する．例
えば，G を通信網をモデル化したものとし，点を交換機，辺を回線とする．G から v を取
り除いたグラフがまだ連結であれば，通信網としてはまだ一定の機能を果たしているとも考
えられる．逆に v を取り除くことで，G が非連結となった場合，v は通信網の交換機として
は，重要な役割を果たしていると考えられる．このような v を**カット点**ということにする．
図 2.8 (a) の点 v_2 を取り除くと非連結となるので，v_2 はカット点となる．

　さて，連結グラフ G において，カット点を持たない連結で極大な部分グラフを**ブロック**と
いう．部分グラフ G' がある性質について極大とは，G' が真に含まれて，その性質をもつよ
うなグラフが存在しないことをいう（図 (b)〜(d)）．ブロックに関しては，図を見たほうが格
段に理解しやすいだろう．図 (e) のグラフを破線で囲んだものがブロックで三つ存在する．

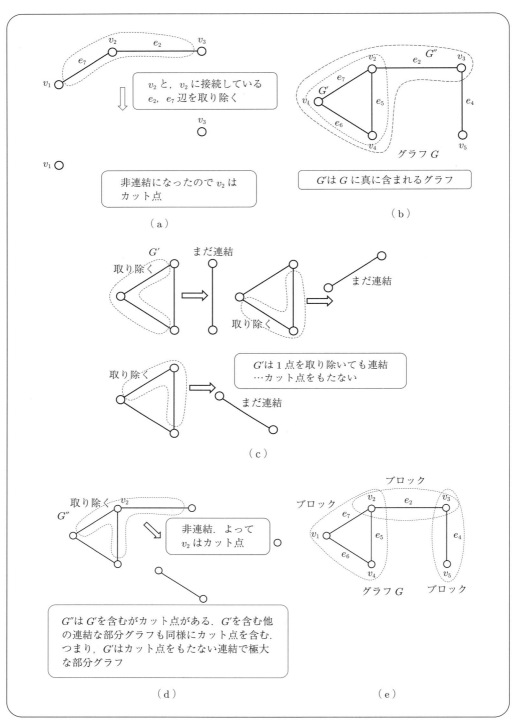

図 **2.8**

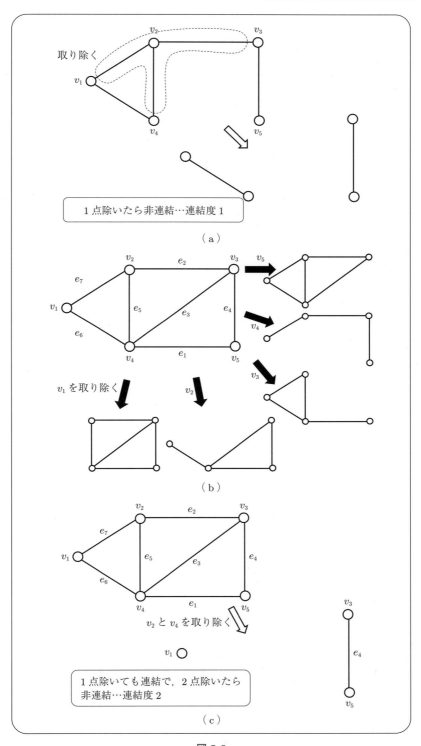

図 **2.9**

　このような結びつきの強さに関する指標を**点連結度**または単に**連結度**という．例えば，G
のどの点をのぞいても連結であるとき，連結度は 2 以上とする．正確な定義は G の任意の
$n-1$ 点を除いても G が非連結にならず，ある n 点を除くと非連結となる場合，G の点連結
度は n であるという．**図 2.9** (a) の点 v_2 を取り除くと非連結となるので，図 (a) のグラフの
点連結度は 1 である．図 (b) のグラフの点連結度は 2 となるのがわかるだろうか（図 (c) 参
照）．この定義では，任意の 2 点間に辺のあるグラフ（**完全グラフ**という（**図 2.10**））は，い
くら点を除去しても非連結にはならない．したがって，完全グラフの点連結度は別に定義す
るとし，n 点からなる完全グラフ（図 2.10 は $n=5$ の完全グラフ）の点連結度を $n-1$ と

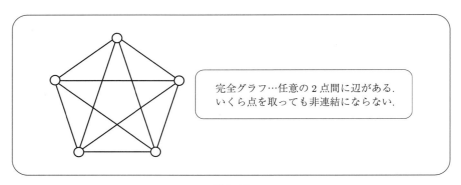

完全グラフ…任意の 2 点間に辺がある．
いくら点を取っても非連結にならない．

図 2.10

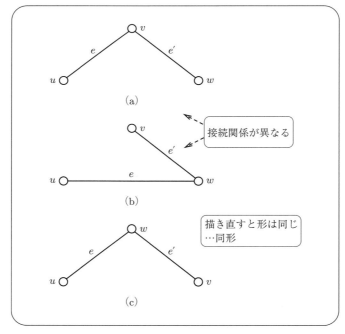

(a)

接続関係が異なる

(b)

描き直すと形は同じ
…同形

(c)

図 2.11

する．

　辺についても同様に，削除により非連結となる辺数の最小値を**辺連結度**という．連結度についての詳細は 6 章で扱う．

　先に，グラフは点や辺のつながり具合を表したもので，図に描くと理解しやすいと述べた．さて，**図 2.11** (a) のグラフに注目しよう．このグラフは図 (b) と同じものだろうか．グラフの定義からすると，辺の接続関係が異なるので，同じではない．しかしながら，形は同じ（図 (c)）なので，図 (a) と図 (b) のグラフは**同形**という．正確には，グラフ G と G' が同形であるとは，グラフ G の点と G' の点との間に 1 対 1 の対応 f が取れ，(u,v) が G の辺であるとき，かつそのときに限り，$(f(u),f(v))$ が G' の辺になっていることである．なお，点集合，辺集合とその接続関係が等しい場合は，その二つのグラフは**同等**であるという．

2.3 木（ツリー）

　ここでは，さまざまな場面で登場する重要なグラフの概念である**木**（ツリー）を定義する．木は連結で閉路のないグラフをいう（**図 2.12** (a)）．先ほどの定義と合わせると，グラフ G の全域部分グラフが G' が木であれば G' を**全域木**ということになる（図 (b), (c)）．

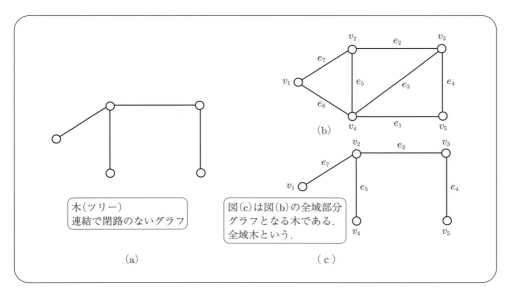

木（ツリー）
連結で閉路のないグラフ

図 (c) は図 (b) の全域部分グラフとなる木である．全域木という．

(a)　　　　　　　　　　（c）

図 **2.12**

木の基本的な性質として，以下の定理があげられる．

[**定理 2.1**]　グラフが木ならば，辺数は点数より 1 小さい．

これを証明するのに必要な性質を示す．

[**性質**]　点数が 2 以上の木ならば，次数 1 の点が存在する．

（**証明**）　T は木なのに，次数 1 の点が存在しないと仮定する．T の適当な点 v_1 を選ぶ．T の点数は 2 以上なので，隣接する点 v_2 が存在する．v_2 の次数は 2 以上なので，v_1 以外の点 v_3 と隣接する．v_3 も次数 2 以上なので，v_2 でない点 v_4 と隣接する．このように，次々と点を選んでいくと，点数は有限なので，v_t において v_{t-1} 以外の点 v_{t+1} が，以前に選んだ点 v_k となる（**図 2.13**）．すると，道 $v_k, v_{k+1}, \ldots, v_{t-1}, v_t, v_k$ は閉路を含むことになり，T が木であることに矛盾する．なぜ矛盾が生じたのだろうか．これは，T に次数 1 の点が存在しないと仮定したからである．つまり，T には次数 1 の点が存在することになる（このような，結論を否定し，矛盾を導く証明方法を**背理法**という）．

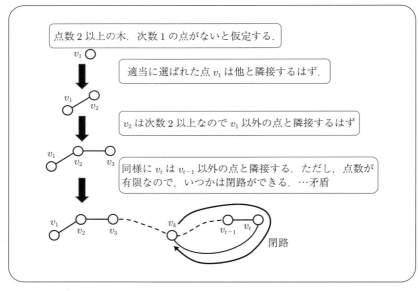

図 2.13

定理 2.1 の証明　　ここでは帰納法を用いる．

　点数 n が 1 の木は，点だけからなるグラフであり，点数 1，辺数 0 なので定理は成り立つ．次に点数が k である木であるならば，辺数は点数より 1 小さいとする．ここで，点数 $k+1$ の木 T を考えてみよう．木 T には，上記の性質により，次数 1 の点が存在し，これを v とする．v は辺 e で u と隣接しているとする．ここで，T から点 v と辺 e を取り除いてみよう．このグラフを T' とすると，T' は木となる（**図 2.14**）．さて，T' の点数は k なので，辺数は

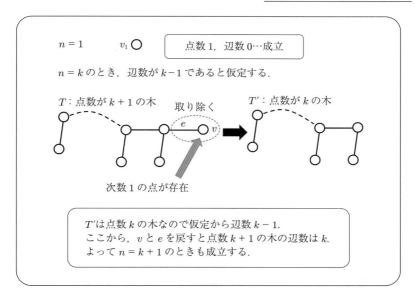

$n = 1$ v_1 ○   点数1，辺数0…成立

$n = k$ のとき，辺数が $k-1$ であると仮定する．

T：点数が $k+1$ の木   取り除く T'：点数が k の木

e v

次数1の点が存在

T'は点数 k の木なので仮定から辺数 $k-1$．
ここから，v と e を戻すと点数 $k+1$ の木の辺数は k．
よって $n = k+1$ のときも成立する．

図 **2.14**

点数より1小さくなる．ここで，辺 e と点 v を元に戻し，木 T とすると，木 T でも辺数は点数より1小さいことがわかる．よって帰納法より，n が任意の自然数で定理 2.1 が成立する．

（証明終了）

　（このように，まず n が小さいときに成り立つことを証明し，次に $n = k$ のときに成り立つと仮定して，$n = k+1$ のときに成立することを証明し，n がすべての場合（この場合 n は自然数）に成り立つことを示す方法を**帰納法**という．n が1のときに成り立つ，すると n が2のときにも成り立つ，となると n が3のときにも成り立つ，…と順にたどれば，n が任意の数で成り立つことになる．ドミノ倒しがうまくいった場合，最初の一つが倒れると，あとは際限なく倒れていくようなイメージを持てばよいだろう．それでは n が実数の場合はどうだろうか．実は，実数では帰納法は使えない．なぜならある数の隣の数が決まらないからである．自然数では1の隣は2であるが，実数で考えると1の隣は決まらない．倒れていく先の次のドミノが見つからないことになる．ここでは，帰納法で扱えるのは，点数や辺数のような 1, 2, 3 と数えられるものに関してであると覚えておこう）

　さてここで，グラフが木であるための一つの必要十分条件を示す．

　[定理 2.2]　グラフ G が木であるための必要十分条件は，G が連結で辺数は点数より1小さい．

　（証明）　これが必要条件であることは明らかである．なぜなら木の定義から G は連結であり，定理 2.1 より辺数は点数より1小さくなる．よって，十分条件であることを示す．

　G が連結で辺数は点数より1小さいとする．連結で閉路がないことが木の定義なので，閉路

がないことを示せばよい．閉路 C があったと仮定すると，C 上の辺を一つ取り除くことで，C は閉路ではなくなり，グラフは連結のままである．これを繰り返すことで，グラフには連結のまま閉路がなくなる．すると定義によりグラフは木になり，辺数は点数より 2 以上小さい．これは，定理 2.1 より木の辺数は点数より 1 小さいことに矛盾する．つまり G に閉路があるとの仮定がおかしいことになる．したがって，G にはもとから閉路がない，つまり G は木となる．

（証明終了）

本書では，理論的な詳細な考察は目的としていないので，以降では，証明は基本的には省略する．ここでは，背理法や帰納法を紹介するためもあり，証明を与えている．

2.4　計　　算　　量

さて，ここで，簡単に計算量について言及する．例えば，n 個の点 $v_1, v_2, \ldots, v_n$ のデータが配列 V に格納され，m 個の辺 $e_1, e_2, \cdots, e_m$ のデータが辺の端点の情報とともに配列 E に格納されているとする．**図 2.15** に図 2.12 (c) のグラフの例を示す．単に格納されていた場合，このグラフが木であることをどのように確かめられるだろうか．

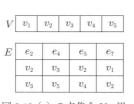

図 2.12 (c) の点集合 V，辺集合 E を表現した配列

図 2.15

定理 2.2 を用いて，辺数が点数より 1 小さくて，連結であるかどうかを調べるとする．点数，辺数は一つ一つ数えれば，点数や辺数に比例する時間がかかるが，これらの数を記憶しておけば定数時間となる．こちらは簡単であるが，連結であることをどのように調べたらよいだろうか．ある点を u とし，u に隣接している点を辺のリストから調べて書き出すとすると，辺数に比例する時間がかかる．v が u に隣接しているとしたら，今度は v に隣接する点

を書き出すとする．これを繰り返して，書き出した点についてすべてを調べ上げたときに，すべての点が書き出してあれば連結となり，書き出されてない点があれば非連結となる．この場合，単に書き出していくと同じ点が重複して出現する．これは，すでに書き出しているかどうかを配列 V にチェックをいれることで重複を回避できる．それでも点数分調べるので，計算量は辺数×点数に比例する時間がかかることになる．これは，辺数 m，点数 n とすると，高々 $m \times n$ に定数を掛けた時間という意味である（$O(mn)$ と表記する．O はオーダー（order）の意味である）．入力長に対して，多項式時間で解が得られる問題は，効率よく解が得られる問題とし，**P 問題**といわれる．計算量 $O(mn)$ で答えが求められる問題は，P 問題となる．実は，多くの問題が効率よく解けるわけではない．効率よく解けることはない，と信じられている問題群があって，それらは，NP 完全と呼ばれる問題であったり，NP 困難と呼ばれる問題であったりする．「信じられている」とは不思議な表現だが，これは，まだ未解決であるが，多くの研究者が数々の状況証拠から，効率よく解けることはないと信じていることを意味している．

　計算量に関するさらなる話題は他書にゆずるが，一つだけ触れておく．n という数字をデータとして記憶させるときは，2 進法で考えれば $\log_2 n$ 個のスペースが必要となる．n 個の点 $v_1, v_2, \ldots, v_n$ を記憶させる場合は，n 個のスペースが必要なので，n に比例することとなる．例えば 12 を記憶するには，2 進法で 1100 となり，4 個のスペースが必要で，12 個の点 $v_1, v_2, \cdots, v_{12}$ を記憶するには，12 個のスペースが必要となる．したがって，12 という数字を記憶するのか，12 個の点として記憶するのかは，きちんと区別する必要がある．

　なお，グラフ理論や計算量に関しては，例えば文献[1]~[6][†]を参照されたい．

本章のまとめ

❶ グラフとネットワークと基本的な用語の定義を確認した．

❷ 連結度を定義し，通信網のモデルとしてグラフとネットワークをとらえた場合，機器の故障と連結度の関係について理解した．

❸ 木についての基本的な性質の証明を取りあげ，その中の帰納法と背理法について理解した．

❹ 計算量の基本的な考え方を理解した．

[†] 肩付き数字は，巻末の引用・参考文献の番号を表す．

●理解度の確認●

問 2.1 点数 5，辺数 5 からなる無向グラフで，同形でないものをすべてあげよ．

問 2.2 点連結度，辺連結度がともに 3 で，点数が 6 と点数が 8 であるグラフを一つずつあげよ．

問 2.3 点数 n（$\geqq 3$）で点連結度が 2 以上になるグラフで，辺数が最小なのは，どのようなグラフか．

問 2.4 点数 6 からなる木で，同形でないものをすべてあげよ．

3

ネットワーク
アルゴリズム

　本章では，ネットワークにおいて，ある性質を持つものを見つけ出すことを学ぶ．まずは最もわかりやすいと考える最短路を例にあげる．

　あなたが，あるところから車で移動するとし，その車にはカーナビゲーションシステムが搭載されていて，目的地まで最も短い距離で移動するように入力したとする．瞬時にルートが確定し，走り出すことができるが，このルートはどのように計算したのだろうか．カーナビゲーションシステムがないころは，地図に記載されている分岐点間の距離を見ながら，いろいろとルートを考えたものであった．2章のグラフとネットワークの定義を用いて，分岐点を点，道路を辺，分岐点間の距離を辺の長さとしたとき，コンピュータは最短路アルゴリズムを用いて算出することができる（もちろん実際のカーナビゲーションシステムでは，最も早く目的地に到着するルートとか，渋滞を予測してそこを避けるとか，多くのことができる）．このような，ある性質（最短路）を効率よく見つけ出すアルゴリズムを本章では学んでいく．

　話のつながりの良さを考慮して，まず最小木から始めて，次に最短路，その後，最大フローを扱うこととする．

3.1 最　小　木

それでは，最小木から始めよう．具体的な状況を想定しながら，最小木を説明する．

　いくつかの集落がある地域に，すべての集落を行き来できる鉄道網の建設を依頼されたとする．ここで，保守の面から線路が分岐する場所は，集落内と仮定する．線路を敷くには費用がかかるので，合計の距離を一番少なくして，集落間を行き来できるよう線路を敷設するものとする．

　これをグラフとネットワーク上の問題として表現する．集落を点とし，直接線路が敷ける二つの集落があった場合，対応する点間を辺でつなぎ，その距離を辺の重みとすることで，グラフ G ができる．求めるものは，グラフ G の部分グラフ G' で，以下のようなものである．

　すべての集落を行き来できなければならないので，G' は全域連結グラフとなる．G' に閉路があるとその閉路上の一つの辺を取り除いても連結のままなので，合計の距離はもっと少なくできる．したがって，G' には閉路がなく，G' は G の全域木となる．

　合計の距離が最も小さいものを求めるので，G' は G の全域木の中で，辺の重みの和が最も小さいことになる．このような全域木を G の**最小木**ということにする．

　まずは，最小木の性質を一つあげる．

　［**定理 3.1**］　T をグラフ G の最小木とし，e を T に属さない G の辺とする．T に e を加えると閉路ができるが，e の重みは閉路の辺の中で最大である．

　（**証明**）　e の重みが最大でないとすると，辺重みが e の重みより大きい閉路の辺 e' が存在する．ここで，T に辺 e を加え，e' を削除すると（この操作を $T+e-e'$ と表現する．グラフ G に新たな辺 e を付加する操作を $G+e$ で表し，グラフ G から辺 e' を削除する操作を $G-e'$ で表す），$T+e-e'$ は，辺数が点数より 1 小さく連結なので，定理 2.2 より木となる．$T+e-e'$ は T より辺重みの和が小さい木となるので，T が最小木であることに矛盾する．（証明終了）

　最小木を求める**クラスカル法**[1] といわれるアルゴリズム（algorithm）を以下に示す．

アルゴリズム（最小木：クラスカル法）────────────
① 　辺を重みの小さい順に並べる（ここで $e_1, e_2, \cdots, e_m$ と並べ替えられたとする）
② 　グラフ G から辺をすべて取り除き，$e_1, e_2, \cdots$ の順でグラフに加える．その際閉路ができないならば加える，できるなら加えないとする．e_m まで到達したら終了する．

最終的に構成されたグラフは，閉路のない全域部分グラフ，つまり全域木になる．

図 **3.1** (a) の例でアルゴリズムの動きをみてみよう．辺の数字は重みを表す．重みの小さい

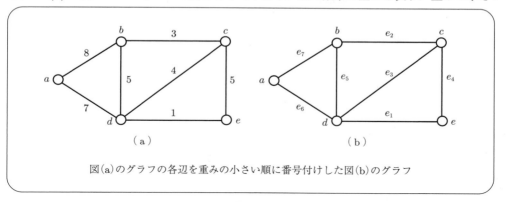

図(a)のグラフの各辺を重みの小さい順に番号付けした図(b)のグラフ

図 **3.1**

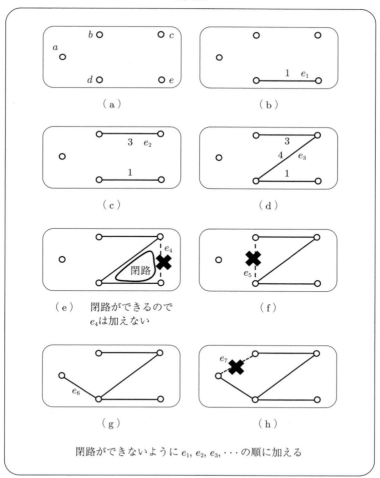

閉路ができないように $e_1, e_2, e_3, \cdots$ の順に加える

図 **3.2**

順に添字を付けたものが図 (b) となる．同じ重みの場合は，どちらを先にしてもかまわない．

　まず，すべての辺を取り去り（**図 3.2** (a)），e_1 から閉路ができないように加えていく（図 (b)～(h)）．e_3 までは閉路ができずに辺を付加できるが，e_4，e_5 を加えると閉路ができるので加えない．同様の理由で e_5 も加えない．e_6 を加え，e_7 を加えないで終了し，最小木は図 (h) となる．

　では，閉路ができるかどうかはどのように判定すればよいだろうか．点 u と点 v を辺で結んで閉路ができるのは，辺 (u, v) を加える前に u から v への道が存在していることになる．つまり u と v が同じ連結成分に属する．したがって，アルゴリズムにおいて，点 u と点 v が同じ連結成分に属する場合は辺を加えない．異なる連結成分に属する場合は辺で結ぶ．このときに，u の属する連結成分の点集合と v の属する連結成分の点集合の和をとる作業が必要となる．

　図 3.3 にアルゴリズムと連結成分の対応を示す．図の例では，初期段階では辺がないので，連結成分の点はそれぞれ一点からなる．集合で表すと，$\{a\}, \{b\}, \{c\}, \{d\}, \{e\}$ となる．e_1 を加えると d と e が同じ連結成分となるので，$\{a\}, \{b\}, \{c\}, \{d, e\}$ となる．e_3 を加えた時点では，$\{a\}, \{b, c, d, e\}$ となる．e_4 は，c と e を結んでいるが，c と e は同じ連結成分に属するので e_4 は加えない．同様に e_5 も加えない．e_6 は a と d を結んでいて，端点は異なる連

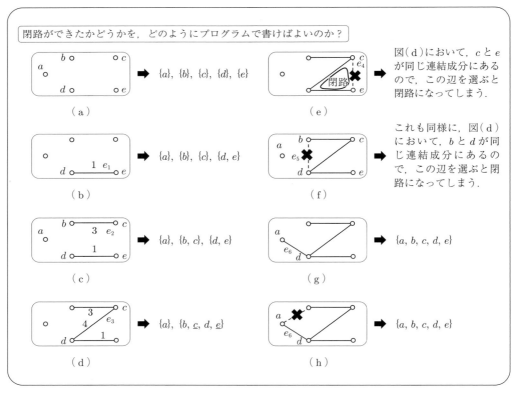

図 3.3

結成分に属するので e_6 を加える．連結成分を表す集合は，$\{a, b, c, d, e\}$ となり，これ以上辺を加えることはない．

　さて，この全域木 T は最小木となっているだろうか．これを確かめるのは，そう難しくはない．

　T を出力とし，辺を重みの小さい順に $e_1, e_2, \cdots, e_i, \cdots$ とする．ここで T は最小木ではないと仮定する．すべての最小木の中で T^* を $\{e_1, e_2, \cdots, e_i\}$ を辺として含み，i が最も大きいものとする．したがって，e_{i+1} は T^* の辺ではない．e_{i+1} の辺重みを w_1 とし，T^* に e_{i+1} を加えると閉路 C ができる．定理 3.1 より e_{i+1} は C の中で，辺重み w_1 が最も大きくなる．さて，C の辺の中には，T の辺でないものが存在する．その中で辺重みが最も大きい辺を e^* とし，その重みを w_2 とする．$w_1 = w_2$ の場合，T^* に e_{i+1} を加え，e^* を削除したグラフ $T^* + e_{i+1} - e^*$ は，T^* と重みの和が同じなので，やはり最小木となる．$T^* + e_{i+1} - e^*$ は，$\{e_1, \cdots, e_i, e_{i+1}\}$ を含むので，T^* の定義に矛盾する（図 **3.4** (a)）．したがって，C の中で T の辺でないものは，重みが w_1 より小さくなる．これらの辺は（例えば $e = (u, v)$ とする），T に加えられなかったのだから，e の順番がきたときに，すでに u と v は同じ連結成分に属していたことになる．C の中で T の辺でないものすべてが w_1 より小さい重みなので，e_{i+1} より先に順番がくる．したがって，e_{i+1} の時点で，e_{i+1} の両端点は同じ連結成分に属していることになり，アルゴリズムにより，e_{i+1} が加わることはない．これは，e_{i+1} が T の辺であ

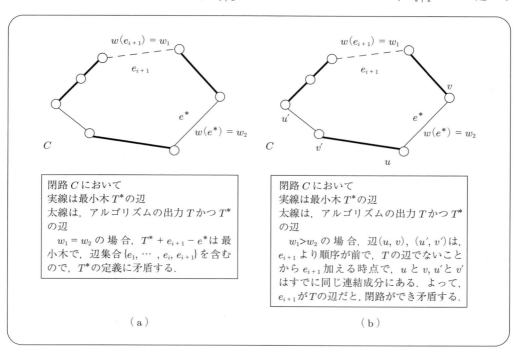

（a）

閉路 C において
実線は最小木 T^* の辺
太線は，アルゴリズムの出力 T かつ T^* の辺
　$w_1 = w_2$ の場合，$T^* + e_{i+1} - e^*$ は最小木で，辺集合 $\{e_1, \cdots, e_i, e_{i+1}\}$ を含むので，T^* の定義に矛盾する．

（b）

閉路 C において
実線は最小木 T^* の辺
太線は，アルゴリズムの出力 T かつ T^* の辺
　$w_1 > w_2$ の場合，辺 $(u, v), (u', v')$ は，e_{i+1} より順序が前で，T の辺でないことから e_{i+1} 加える時点で，u と v, u' と v' はすでに同じ連結成分にある．よって，e_{i+1} が T の辺だと，閉路ができ矛盾する．

図 **3.4**

ることに矛盾する（図 (b)）．よって，アルゴリズムの出力 T が最小木となることがわかる．

　なお，上記のようなアルゴリズムの正当性に関する考察は，本書において主たる目的ではないので，以降では原則として省略するものとする．

　ここで，計算量を考えてみよう．辺重みの小さい順に辺を並べ替えるのは，まさしくソート（整列）なので，点数を n，辺数を m とすると $m \log m$ の定数倍で可能となる．つまり計算量は $O(m \log m)$ である．辺数は点数の 2 乗で押さえられるので，$m \log m \leq m \log n^2 = 2m \log n$ より $O(m \log m)$ は $O(m \log n)$ と表される．連結成分を更新していくのは，単純に配列を用いると，$m \times n$ の配列が必要となるが，Union-find 法[2]を用いて工夫すると $O(m \log n)$ でできる．よって全体の計算量は $O(m \log n)$ となる．

　次に，別の角度からの最小木を求めるアルゴリズムを紹介する．このアルゴリズムは**プリム法**[3]といわれる．

アルゴリズム（最小木：プリム法）
① 適当な点 v_1 を決め v_1 からなる点集合を U とする．
② v_1 に接続する辺の中から最も重みの小さい辺 $e_1 = (v_1, v_2)$ を選び，v_2 を U に加える．
③ U から U 以外の点を結ぶ辺のうち，最も重みの小さい辺 e_2 を選び e_2 の端点で U に属していないものを v_3 とし，v_3 を U に加える．これをすべての点が U に加わるまで繰り返す．

　前出の図 3.1 (a) のグラフで考えてみよう．**図 3.5** にプリム法による解法を示す．まず $U = \{a\}$ とする．U の点とそれ以外を結ぶ辺の中で，最も重みの小さい辺は (a, d) なので，(a, d) を最小木の辺とし，d を U に加え $U = \{a, d\}$ となる．次に，U の点とそれ以外を結ぶ辺の中で，最も重みの小さい辺は (d, e) なので，(d, e) を最小木の辺とし，d を U に加え $U = \{a, d, e\}$ となる．これを繰り返すことで，図 (e) のような木が構成される．

　この計算量を考えよう．各ステップで重み最小となる辺を調べ，その端点を選ぶことを繰り返すことになる．何も工夫しないと，各ステップですべての辺を調べることになり，それを点数回繰り返すことになるので，辺数 × 点数回調べることになるが，いかにも冗長であろう．各点 v は U との点に接続する辺の最小値を常に覚えておけば，各ステップの更新は点数に比例する時間で可能となり，全体で点数の 2 乗に比例する計算量 $O(n^2)$ となる．

　図 3.1 のグラフを例にこのアルゴリズムを説明する．各点 v には，その時点で判明している v に接続する辺の重みの最小値 d_v とその辺の v 以外の端点 x_v のペア (d_v, x_v) を付与し，初期値を a は $(0, a)$ とし，他の点は (∞, ϕ) とする．隣接する最小となる辺はわからないので，∞ と ϕ とおく．まず，$U = \{a\}$ とする．点 b については，$(d_b, x_b) = (\infty, \phi)$ であり，辺 (a, b) の重み $w(a, b)$ は 8 で，$d_b = \infty$ なので，8 と ∞ の小さい方（当然 8）を選び，(8,

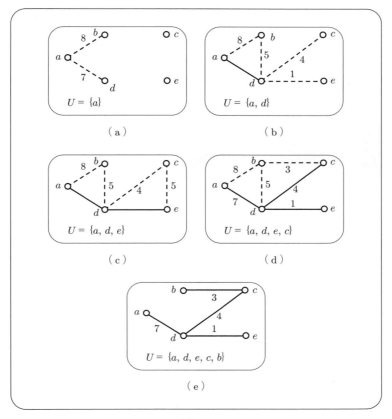

図 **3.5**

$a)$ とする．つまり，点 b に付与された (d_b, x_b) は

$$w(a, b) < d_b \text{なら},\ (d_b, x_b) = (w(a, b), a)$$

とする．点 d については，$w(a, d) = 7$ なので，$(7, a)$ とする．ここで，他の U に属さない点 c, e については (∞, ϕ) のままなので

　　$b: (8, a)$

　　$d: (7, a)$

　　$c, e: (\infty, \phi)$

より，最小値をとる d を選び，$U = \{a, d\}$ とし，(a, d) を最小木の辺とする．次に d に隣接する U に属さない点は，b, c, e であり，b については，$w(d, b) = 5$ なので，$(5, d)$ と更新する．c については，$(4, d)$，e については $(1, d)$ なので，最小値をとる e を選び，$U = \{a, c, d\}$ とし，(d, c) を最小木の辺とする．これを繰り返せば最小木が求められる．この手続きは，最短路のアルゴリズムにも出てくるので覚えておこう．

　このように，最小木は比較的単純なアルゴリズムで求めることができた．この場合は，鉄

道網敷設の問題としてとらえた場合，すべての集落を結ぶ鉄道網で，すべての集落内で分岐可能であり，それ以外では分岐できないような問題となっている．現実問題として，集落内に限らず，どこで分岐してもよいから，距離の総和が一番小さくなるようにしようとすると，シュタイナー木問題と呼ばれる，とたんに難しい問題となってしまう．詳細は 4 章で触れる．

3.2 最　短　路

さて，ここから最短路の話となる．点 s から点 t までの**最短路**とは，s から t への道のうちで，辺重みの総和が最も小さいものをいう．その総和を s から t への距離という．この最短路や距離の定義は日常生活での使い方とほぼ一致するだろう．

最も有名な最短路を求めるアルゴリズムは**ダイクストラ法**[4]であろう．最小木を求めるアルゴリズムは，主にグラフ理論やネットワーク工学関連の授業に出てくるが，ダイクストラ法は他の授業でも扱うことがある．その理由の一つに，最短路アルゴリズムは実に多くの応用があることである．先にカーナビゲーションシステムをあげたが，これはほんの一例である．

ここでは，ダイクストラ法により辺に非負の重みのついた有向グラフ G 上のある点 s からある点 t への最短路を求める．

アルゴリズム（最短路：ダイクストラ法）───────────

① 各点 v に数値と記号のペア (d_v, x_v) を付与する．数値 d_v は s からの仮の距離を表し，記号 x_v はその距離となる s からの道において，v の一つ s よりの点を表す．最初は s には $(0, s)$ とし，他の点には (∞, ϕ) とする（最初は，s からの道は見つかってないので距離 ∞ とし，一つ s よりの点はないので ϕ とする）．

② S を点を要素とする集合とし，最初に s（$= v_1$ とする）を S に加える．

③ v_1 に隣接する S に属さない各点 v について，v_1 に付与された数値と辺 (v_1, v) の重みを加え，v に付与された数値と比較し，重みの和が小さいならば，d_v の値を更新し，記号 x_v を v_1 とする．つまり，(d_v, x_v) は

$$d_{v_1} + w(v_1, v) < d_v \text{ なら，} (d_v, x_v) = (d_{v_1} + w(v_1, v), v_1)$$

とする．S に属さない点（つまり S^c の要素）の中で，付与された数値が最小なもの v_2 を選び，S の要素に加え，辺 (x_v, v_2) を出力する（最初は $x_v = v_1$（$= s$）なので (s, v_2) が出力される）．

④ 次に v_2 に対して同じ操作を繰り返し，S に点を加えていく．$S = V$ となった時点で終了する．

出力された辺からなるグラフ（正確には辺誘導部分グラフ）T は木となり，s から t への道が最短路となる．

例えば，**図 3.6** (a) をみてみよう．$s = v_1$，$t = v_9$ とする．したがって，$S = \{v_1\}$ となる．最初に点に付与されるペアは，v_1 が $(0, v_1)$ で，それ以外の点は (∞, ϕ) となる（図 (b)）．

まず，辺 (v_1, v_2) の重みは 2 なので，∞ と 0+2 を比較し，2 が小さいので，v_2 に関しては $(2, v_1)$ となる．他の v_1 を端点とする辺に関してもこの作業を行うと

v_2: $(2, v_1)$

v_4: $(1, v_1)$

$v_3, v_5, v_6, v_7, v_8, v_9$: (∞, ϕ)

となり，数値の最小は 1 なので，v_4 が選ばれ，v_4 が S に加わり，(v_1, v_4) が出力される（図 (c)，出力された辺を太線で表す）．次に v_4 に接続する辺で，端点が S の要素でないものは，(v_4, v_5) と (v_4, v_7) と (v_4, v_8) なので，この三つに対して，上の作業を行う．(v_4, v_5) に関しては，v_4 に付与された数値が 1，辺 (v_4, v_5) の重みが 1 なので，1+1=2 となる．v_5 に付与された数値は ∞ なので，v_5 のペアは，$(2, v_4)$ となる．ここで S 以外の点に付与されているペアは

v_2: $(2, v_1)$

v_5: $(2, v_4)$

v_7: $(4, v_4)$

v_8: $(5, v_4)$

v_3, v_6, v_9: (∞, ϕ)

となる．v_2 と v_5 の数値がともに最小値 2 なので，どちらを選んでもよい．v_2 を選んだとすると，v_2 を S に加え，(v_1, v_2) を出力する（図 (d)）．次に v_2 に関して同じ作業をすると，v_2 の数値が 2 で，辺 (v_2, v_3) の重みが 2 なので，2+2=4 となり，v_3 の数値 ∞ より小さくなるので，v_3 のペアは $(4, v_2)$ となる．同様に計算して，S 以外の点に付与されているペアは

v_3: $(4, v_2)$

v_5: $(2, v_4)$

v_6: $(5, v_2)$

v_7: $(4, v_4)$

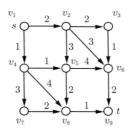

（a）

S：最初は空集合

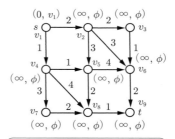

$S^c = \{v_1,\ v_2,\ v_3,\ v_4,\ v_5,\ v_6,\ v_7,\ v_8,\ v_9\}$ で，最初は始点 $s\,(=v_1)$ を，S に入れる

（b）

$S = \{v_1\}$（要素は灰色の点）

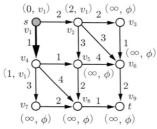

$S^c = \{v_2,\ v_3,\ v_4,\ v_5,\ v_6,\ v_7,\ v_8,\ v_9\}$ の中で数値最小の点が選ばれ，S に入る…v_4

（c）

$S = \{v_1,\ v_4\}$

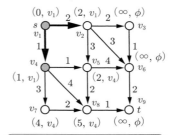

$S^c = \{v_2,\ v_3,\ v_5,\ v_6,\ v_7,\ v_8,\ v_9\}$ の中で数値最小の点が選ばれ，S に入る…v_2

（d）

$S = \{v_1,\ v_4,\ v_2\}$

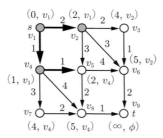

$S^c = \{v_3,\ v_5,\ v_6,\ v_7,\ v_8,\ v_9\}$ の中で数値最小の点が選ばれ，S に入る…v_5

（e）

$S = \{v_1,\ v_4,\ v_2,\ v_5\}$

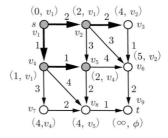

$S^c = \{v_3,\ v_6,\ v_7,\ v_8,\ v_9\}$ の中で数値最小の点が選ばれ，S に入る…v_3

（f）

$S = \{v_1, v_4, v_2, v_5, v_3\}$

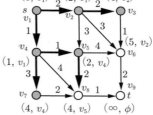

点に付与されるペアに変化なし.
$S^c = \{v_6, v_7, v_8, v_9\}$ の中で数値最
小の点が選ばれ, S に入る…v_7

（ g ）

$S = \{v_1, v_4, v_2, v_5, v_3, v_7\}$

点に付与されるペアに変化なし.
$S^c = \{v_6, v_8, v_9\}$ の中で数値最小の
点が選ばれ, S に入る…v_8

（ h ）

$S = \{v_1, v_4, v_2, v_5, v_3, v_7, v_8\}$

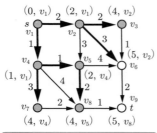

点に付与されるペアに変化なし.
$S^c = \{v_6, v_9\}$ の中で数値最小の点
が選ばれ, S に入る…v_6

（ i ）

$S = \{v_1, v_4, v_2, v_5, v_3, v_7, v_8, v_6\}$

点に付与されるペアに変化なし.
$S^c = \{v_9\}$ の中で数値最小の点が
選ばれ, S に入る…v_9

（ j ）

$S = \{v_1, v_4, v_2, v_5, v_3, v_7, v_8, v_6, v_9\}$

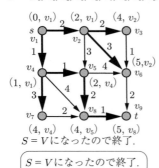

$S = V$ になったので終了.

$S = V$ になったので終了.

（ k ）　　　　　　　　　　　　　　（ l ）

図 **3.6**

v_8: $(5, v_4)$

v_9: (∞, ϕ)

となり，v_5 の数値が最小なので，v_5 を S に加え，(v_4, v_5) を出力する（図 (e)）．図 (f)〜(k) のように同様の作業を繰り返し，すべての点が S に含まれると，アルゴリズムは終了する．得られた木は，図 (l) となり，s($= v_1$) から t($= v_9$) への最短路は v_1–v_4–v_5–v_8–v_9 で長さは 5 となる．

なお，無向グラフの場合，各辺 (u, v) を二つの有向辺 (u, v)，(v, u) で置き換えることで（この二つの辺を**対称辺**と呼ぶ），有向グラフの最短路問題に帰着できる．

ダイクストラ法は，最小木を求めるプリム法とほぼ同じものである．異なる点は，プリム法は辺の重みと点自身の持っている数値を比べて小さいほうを選択するのに対し，ダイクストラ法は S の端点の数値と辺の重みを加えたものと点自身の数値を比較するものである．この 2 回の作業はいずれも定数時間で可能なので，ダイクストラ法の計算量はプリム法と同じく，点数の 2 乗に比例する計算量 $O(n^2)$ となる．

3.3 最大フロー

次に，最大フローを求めるアルゴリズムを紹介する．これまでの最小木や最短路においては，辺重みは距離を意味していた．重みは何らかの物理的な量を表すことが多いが，距離以外にも重要なものがある．その中の一つが流れを意味するフローとなる．この場合，重みは単位時間に流せる何らかの量を表す．ネットワークが水道網であれば重みは水の量であり，トラックの輸送網であれば重みは荷物の量となる．流れに注目したネットワークを特に**フローネットワーク**という．

フローとは，ネットワーク上の点 s から t へのものの流れである．実際に t が受け取る（単位時間当りの）量を**フロー値**という．フロー値が最も大きいフローを**最大フロー**という．最大フローは，例えば道路網で，ある都市に対応する点 t に災害が起こり，点 s からある物資を t になるべく大量に送ることを意味する．水道網であれば，s を入口，t を出口として，s からなるべく多くの水を t に流し込むことになる．ここでは有向グラフとし，各辺に流せる最大の量の**正の重み**（辺容量ともいう）を与え，点 s から t への最大フローを求めるものとする．点 s と t 以外の点については，点に流れ込む量と流れ出す量は等しいとする（つまり，

途中で漏れたり，増えたりしない）．例えば，**図3.7**のように，各辺に重みを与える．何らか
のフローを流すと，例えば**図3.8**(a)のようになる．辺重みの分子が実際流した値（辺のフ
ロー値）を表す．s, t以外の点は，流れ込む量と流れ出す量が等しくなっている．

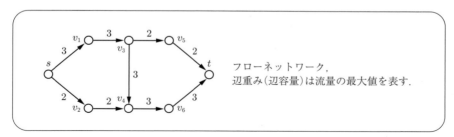

フローネットワーク．
辺重み(辺容量)は流量の最大値を表す．

図 3.7

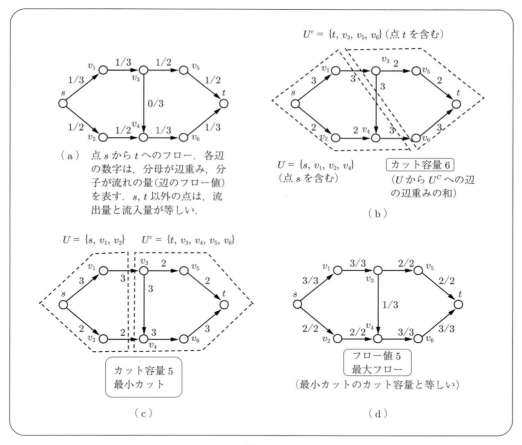

（a）　点sからtへのフロー．各辺
の数字は，分母が辺重み，分
子が流れの量(辺のフロー値)
を表す．s, t以外の点は，流
出量と流入量が等しい．

$U^c = \{t, v_3, v_5, v_6\}$（点$t$を含む）

$U = \{s, v_1, v_2, v_4\}$
（点sを含む）

カット容量6
（UからU^cへの辺
の辺重みの和）

（b）

$U = \{s, v_1, v_2\}$　　$U^c = \{t, v_3, v_4, v_5, v_6\}$

カット容量5
最小カット

（c）

フロー値5
最大フロー

（最小カットのカット容量と等しい）

（d）

図 3.8

　ここで，最大フローと関係が深いものとして，最小カットという概念がある．点集合をs
を含むUとtを含むU^cの二つに分割する．Uに属する点を始点とし，U^cに属する点を終点
とする辺の集合をUとU^cを分離する**カット**といい，辺重みの総和を**カット容量**という．図

(b) の場合，カット容量は，辺 (v_1, v_3), (v_4, v_6) の重みを加えて 6 となる．辺 (v_3, v_4) については辺の向きが U^c から U で逆なのでカットの要素ではない．カットの中でカット容量が最小となるものを**最小カット**という．図 3.7 のフローネットワークでは，最小カットは複数存在するが，例えば図 3.8 (c) のように $U = \{s, v_1, v_2\}$, $U^c = \{v_3, v_4, v_5, v_6, t\}$ が，カット容量 5 の最小カットとなる．最大フローと最小カットの間に次のような関係がある．

　[**定理 3.2**]　最大フローのフロー値と最小カットのカット容量は等しい．

　カット容量を超えて，フローは流れないので，カット容量と等しいフロー値となるように流せることを保証するのが定理 3.2 である．

　図 3.7 のフローネットワークにおける最大フローは，図 3.8 (d) となる．フロー値は 5 で，最小カットのカット容量と等しくなる．

　それでは，最大フローを求めるアルゴリズムのひとつ，**フォード・ファルカーソン法**[5]を紹介しよう．

　フローネットワークにおける**増分可能道**とは，s から t までの道で，フロー値を増やすことができるものをいう．具体的には，道の向きと辺の向きが同じ場合は，辺容量より辺に流れるフローの値が小さい，つまり「まだ増やせる」状態で，道の向きと辺の向きが反対の場合は，辺に流れるフローの値が 0 ではない，つまり「まだ減らせる」状態を意味する．この増分可能道に関する以下の定理が成り立つ．

　[**定理 3.3**]　フローネットワークにおけるフローが，最大フローとなる必要十分条件は，増分可能道が存在しないことである．

　最大フローなら増分可能道は存在しない（あればフロー値をもっと増やせる）ので，逆もいえることがポイントとなる．最大フローを求めるには，増分可能道をみつけてフロー値を大きくし，増分可能道が存在しなくなるまで繰り返せばよいことになる．増分可能道を発見するアルゴリズムを以下に紹介する．

アルゴリズム（最大フロー：フォード・ファルカーソン法における増分可能道の
　　　　　　　　　みつけ方とフローの更新）――――――――――――――――

各点には，未探索点，既探索点の区別があり，初期状態は，はすべて未探索点とする．さらに各点に記号を付与する．初期状態は，点 s に $+s$，他の点は * とする．

① 　*以外の記号を持つ未探索点 x を選ぶ．なければ終了．

② 　x に接続するすべての辺 e に以下の操作をし，x を既探索とする（**図 3.9**）．

(2.1) 　（x が e の始点）終点が未探索点 y で，記号が *，かつ e のフロー値を増やすことができる場合，y の記号を $+x$ とする．

(2.2) 　（x が e の終点）始点が未探索点 y で，記号が *，かつ e のフロー値を減らすことができる場合，y の記号を $-x$ とする．

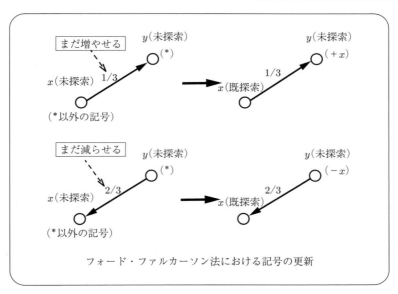

フォード・ファルカーソン法における記号の更新

図 **3.9**

③　t の記号が*以外であれば，④へ，そうでなければ①へ．

④　t から記号に沿って，s までの道を見つけ，道上の辺のフロー値を最大となるよう更新する．

図 3.7 のネットワークで考えてみよう．図 **3.10** (a) が初期状態となる．最初に s が選択され，v_1, v_2 の記号が*から $+s$ に更新され，s が既探索点（点を灰色で表現）となる（図 (b)）．次に v_1 が選択された場合，v_3 の記号が (*) から $(+v_1)$ に変わり，v_1 が既探索点になる（図 (c)）．同様に，v_3 と v_4 が図 (d) と (e) のように選択され処理される．次に v_6 が選択された場合，点 t の記号が*から $+v_6$ となる（図 (f)）．④に移動し，増分可能道 $s-v_1-v_3-v_4-v_6-t$ に沿って，フロー値を 3 増やす（図 (g)）．更新したフロー値以外は，初期状態に戻して，再度①から繰り返す（図 (g) の状況で増分可能道をみつける）．図 (h) から図 (l) のようにして，増分可能道 $s-v_2-v_4-v_3-v_5-t$ が見つかり，それに沿って，フロー値を 2 増やす（図 (m)）（ここで，v_3 から v_4 へのフロー値は 2 だけ減っていることに注意する）．次に，図 (n) の状態で，①の*以外の記号を持つ未探索点は存在しないので，アルゴリズムは終了し，最大フローが求められる．

　なお，計算量は，①から④までは，各辺を一度だけ調べるため，辺数を m とすると，m に比例する回数繰り返す．辺の重みが整数であれば，一度のフロー値の更新で，フロー値が 1 以上増えるため，最大で，最大フロー値の回数を繰り返せばよいことになる．よって，辺数 × 最大フロー値に比例する計算量となる．辺の重みが実数の場合，このアルゴリズムは，多項式時間で終了するとは限らないが，多項式時間で終了するように改良が可能である[6)]．

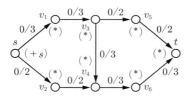

（ａ）　フォードファルカーソン法
により増分可能道を見つけ
る

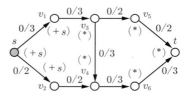

（ｂ）　s を選択
v_1：（*）→（$+s$）
v_2：（*）→（$+s$）と更新
s を既探索（灰色で表す）

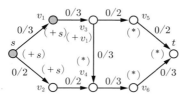

（ｃ）　v_1 を選択
v_3：（*）→（$+v_1$）と更新
v_1 を既探索

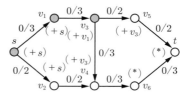

（ｄ）　v_3 を選択
v_4：（*）→（$+v_3$）
v_5：（*）→（$+v_3$）と更新
v_3 を既探索

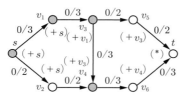

（ｅ）　v_4 を選択
v_6：（*）→（$+v_4$）と更新
v_4 を既探索

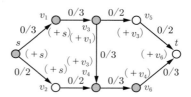

（ｆ）　v_6 を選択
t：（*）→（$+v_6$）と更新
v_6 を既探索
④へ

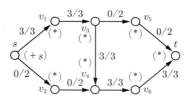

（ｇ）　s–v_1–v_3–v_4–v_6–t にフロー
を 3 流すように更新.

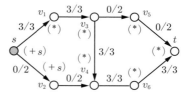

（ｈ）　新たに点 s からの増分可能
道を見つける.

v_2：（*）→（$+s$）と更新
s を既探索

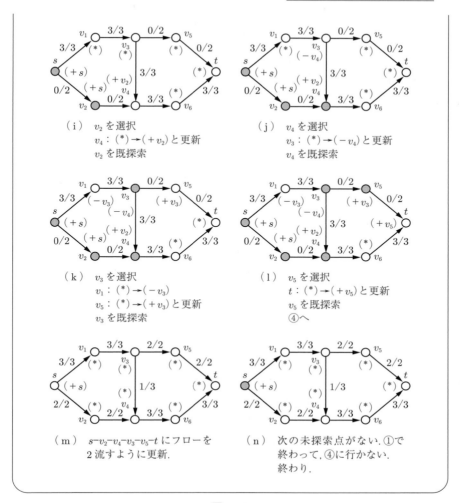

図 3.10

実は，グラフの最大フローを求めるアルゴリズムは，線形計画法に落とし込むことが可能である．各辺 e の重み（辺容量）$c(e)$ と e のフロー値 $f(e)$ とすると

制約条件：各辺eに対して，$0 \leqq f(e) \leqq c(e)$

s, t 以外の各点 v に対して，v が終点となる辺のフロー値の和と v が始点となるフロー値の和が等しい．つまり $e_{v_1}, \cdots, e_{v_i}$ を v が終点となる辺，$e_{v_{i+1}}, \cdots, e_{v_j}$ を v が始点となる辺とすると

$$f(e_{v_1}) + \cdots + f(e_{v_i}) = f(e_{v_{i+1}}) + \cdots + f(e_{v_j})$$

目的関数：s を始点とする辺のフロー値の和を最大化．つまり，s が始点となる辺を $e_{s_1}, \cdots, e_{s_k}$ とすると

$$f(e_{s_1}) + \cdots + f(e_{s_k}) \to \max$$

となる.

　例えば，図 **3.11** において，各辺のフロー値を x_i で表すと
制約条件

$$0 \leqq x_1 \leqq 3, 0 \leqq x_2 \leqq 3, 0 \leqq x_3 \leqq 1, 0 \leqq x_4 \leqq 1,$$

$$0 \leqq x_5 \leqq 2, 0 \leqq x_6 \leqq 2, 0 \leqq x_7 \leqq 1, 0 \leqq x_8 \leqq 2$$

$$x_1 = x_4 + x_6$$

$$x_2 + x_4 = x_5 + x_7$$

$$x_3 + x_5 = x_8$$

目的関数

$$x_1 + x_2 + x_3 \to \max$$

となる.

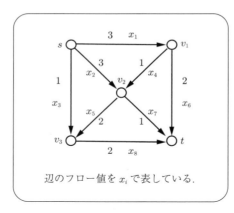

辺のフロー値を x_i で表している.

図 **3.11**

3.3.1　最小コストフロー

　3.3 節では，s から t へ最も多くの量を流す最大フローを求めるアルゴリズムを学んだ. 量に注目するのと同じように重要なのが，どれだけのコストがかかるかである. 最短路問題であれば，各辺に長さではなく，コストを付与して解くことで，最小のコストの経路を求めることができる. さて，フローの場合はどうだろうか.

　いま，図 3.11 のフローネットワークにおいて，点 s から t への最大フローが求められたとする（図 **3.12**(a)）. ここで，各辺にコストを付与されたとする. 図 (a) の辺に付与された数

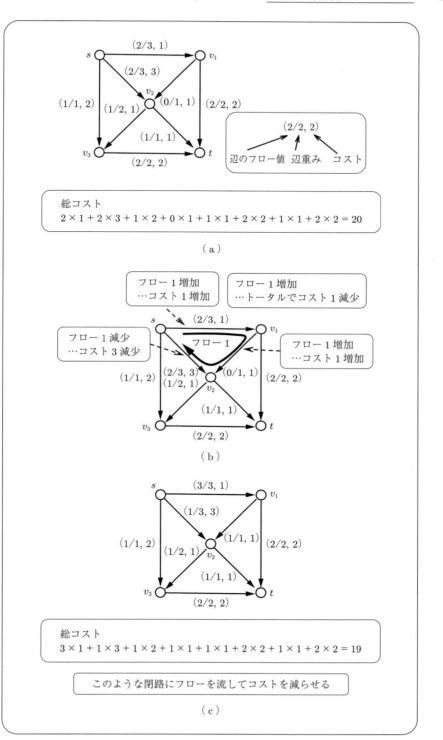

図 **3.12**

字（2/3, 1）は，辺重み3で，フロー値が2，コストが1を意味する．コストは，辺のフロー
値1に対するコストである．図 (a) の総コストは

$$2 \times 1 + 2 \times 3 + 1 \times 2 + 0 \times 1 + 1 \times 1 + 2 \times 2 + 1 \times 1 + 2 \times 2 = 20$$

となる．この総和が最小となるフローを**最小コストフロー**という．

　単にコスト最小のフローを求めるのであれば，すべての辺のフロー値を0とすればよいの
で意味はない．したがって，s から t へのフロー値を固定した場合にコスト最小となるフロー
を求めることになり，図 (a) であれば，フロー値は5である．

　さて，図 (b) において，点 s, v_1, v_2 からなる閉路で太い矢印にそってフローを考える．

　辺 (s, v_1) では，コストが1で，現在のフロー値より増やすことが可能

　辺 (v_1, v_2) では，コストが1で，現在のフロー値より増やすことが可能

　辺 (v_2, s) では，コストが3で，現在のフロー値より減らすことが可能

　つまり，この閉路では，矢印に沿ってフロー値を1増やすと，コストが $1 + 1 - 3 = -1$ と
なり，コストを減少することができる（図 (c)）．実際図 (c) におけるコストの総和は，

$$3 \times 1 + 1 \times 3 + 1 \times 2 + 1 \times 1 + 1 \times 1 + 2 \times 2 + 1 \times 1 + 2 \times 2 = 19$$

と1減少する．このような閉路を順次見つけて，フローを更新することで最小コストフロー
を得ることができる[7]．

　また，最大フロー問題と同様に，最小コストフロー問題も線形計画法により解くことがで
きる．例えば，図 (a) のようにコストが付与されたフロー値5の最小コストフロー問題は，
変数 x_i を図 3.11 と同じとし，x_i をつけられた辺のコストを a_i とすると
制約条件

$$0 \leq x_1 \leq 3, 0 \leq x_2 \leq 3, 0 \leq x_3 \leq 1, 0 \leq x_4 \leq 1$$

$$0 \leq x_5 \leq 2, 0 \leq x_6 \leq 2, 0 \leq x_7 \leq 1, 0 \leq x_8 \leq 2$$

$$x_1 = x_4 + x_6$$

$$x_2 + x_4 = x_5 + x_7$$

$$x_3 + x_5 = x_8$$

$$x_1 + x_2 + x_3 = 5$$

目的関数

$$\sum_{i=1}^{8} a_i x_i \ \rightarrow \min$$

となる．

3.3.2　多品種フロー

　ここまでは，ある点 s からある点 t へのフローを考察しているが，多数の点間のフローも考えることができる．これを**多品種**（または**多種**）**フロー**と呼ぶ．

　例えば，**図 3.13** (a) のネットワークにおいて，s_1 から t_1 へフロー f_1，s_2 から t_2 へフロー f_2 を流すとする．フロー値の和が最大となるのは，図 (b) であり，フロー f_1，フロー f_2 は，それぞれ図 (c)，図 (d) となる．これを**多品種最大フロー問題**といい，やはり線形計画法により解くことができる．

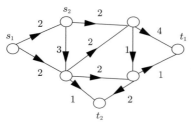

（a）　s_1 から t_1 へのフローと，s_2 から t_2 へのフローで，フロー値の和を最大とする．

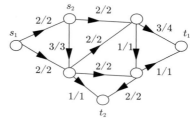

（b）　フロー値の和が 7 で最大値をとる．

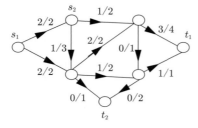

（c）　s_1 から t_1 へのフロー（フロー値 4）

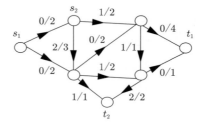

（d）　s_2 から t_2 へのフロー（フロー値 3）

図 **3.13**

3.4 巡回セールスマン問題と近似解法

　3.2節では，ある点からある点への最短路を求めたが，2点間ではなく，ネットワーク上のすべての点を少なくとも一度通って回ってくる（この経路を**巡回路**という）ことを考える．最も短い距離で回ってくる巡回路を求める問題は，巡回セールスマン問題[8]（Traveling Salesman Problem, **TSP** とも略す）といわれており，2章で触れた NP 困難な問題で，最も良く知られたものの一つである．

　例えば，**図 3.14**(a) において，最も短い距離で一周する巡回路はどれだろうか．グラフの外側を a, b, c, f, e, d, a の順で回ると距離が $2+3+5+2+4+7=23$ となるが，$a, b, c,$ e, f, d, b, a の順で回れば，距離が $2+3+1+2+2+1+2=13$ で最も短い距離となる．このような巡回路を求める問題が**巡回セールスマン問題**である．

　ここで，単純な方法で図 (a) において巡回セールスマン問題の解である距離最小の巡回路を求めてみよう．図 (b) は図 (a) の2点間の距離を表している．点が6個あり，何らかの順番で回るとする．上記の a, b, c, f, e, d, a も順番の一つである．a を最初の点に固定したとし，五つの点の中から b を選び，次に四つの点から c を選ぶとなるので，順番の総数は5の階乗 (5!) となる．すべての場合を調べるのでは，入力長に対して多項式時間では収まらない．

　多項式時間のアルゴリズムが期待できない場合は，近似解法を考える必要がある．この巡回セールスマン問題はよく知られているため，さまざまな近似解法が知られており，その中には，最適解の定数倍で収まる解を出力するアルゴリズムも存在する．ここでは，その中の一つを紹介しよう．それは

　「グラフの最小木を構成し，その上を2度通る巡回路を解とする．」

というものである．図 (a) の最小木は図 (c) で，重みの総和は8となる．各辺を2度通る巡回路は，$a, b, d, f, e, c, e, f, d, b, a$ となり，長さは16なので，確かに最小値13の2倍以内になっている．なぜなるかは略するが難しくはない．

　この最小木を用いた解は，単純すぎるが，明らかに多項式時間のアルゴリズムである．また，これを元にして，もっと長さが短くなる解を導き出せるかもしれない．例えば，各辺を2度通る巡回路（図 (d)）

$$a, b, d, f, e, \underline{c, e, f, d, b}, a$$

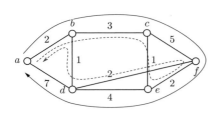

$$
\begin{array}{c@{\quad}c}
 & \begin{array}{cccccc} a & b & c & d & e & f \end{array} \\
\begin{array}{c} a \\ b \\ c \\ d \\ e \\ f \end{array} &
\left[\begin{array}{cccccc}
0 & 2 & 5 & 3 & 6 & 5 \\
2 & 0 & 3 & 1 & 4 & 3 \\
5 & 3 & 0 & 4 & 1 & 3 \\
3 & 1 & 4 & 0 & 4 & 2 \\
6 & 4 & 1 & 4 & 0 & 2 \\
5 & 3 & 3 & 2 & 2 & 0
\end{array} \right]
\end{array}
$$

（a） 巡回セールスマン問題
各点を一度以上通って一周する距離の
もっとも小さい巡回路を求める.
a, b, c, f, e, d, a の順（実線）で回ると
距離 $2 + 3 + 5 + 2 + 4 + 7 = 23$ となり,
a, b, c, e, f, d, b, a の順（破線）で回る
と距離 $2 + 3 + 1 + 2 + 2 + 1 + 2 = 13$
で一番小さくなる.

（b） 図 3.14(a) における, 2 点
間の距離を表している.
a から考えると次の点を
選ぶのが 4 通り, 次が 3
通り…となり, 全部で 5!
通りある.

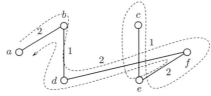

（c） 図 3.14(a) の最小木. 重みの総和
は 8. 各辺を 2 度通る巡回路（破線）
は, $a, b, d, f, e, c, e, f, d, b, a$ と
なり, 長さは 16.

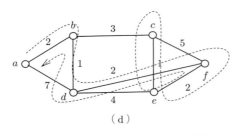

（d）

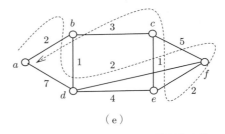

（e）

図(a)の各辺を 2 度通る巡回路, （図(d)）$a, b, d, f, e, \underline{c, e, f, d, b}, a$ において, 下線部を直接
c から b に向かった巡回路, （図(e)）は, 長さは 13 で最小となる.

図 3.14

の下線部は, c から b へは長さ 3 の辺があるので, 直接向かえば, e, f, d を通る長さ 6 より
3 短くなる（図 (e)）. つまり

$$a, b, d, f, e, c, b, a$$

の巡回路で, 長さは 13 となり, 最適解になっている. このような近道を見つける考え方は,

巡回セールスマン問題を一般化した **VRP**（Vehicle Routing Problem）[9][†]といわれる問題の近似解法にも用いられている．

　巡回セールスマン問題は，最適解の定数倍で収まる解を求めることができるが，問題の中には，多項式時間で最適解を求めることが期待できないばかりか，最適解の定数倍で収まる解も期待できない問題も存在する．しかしながら，実際に問題を解く際には，最適解でなくてもそこそこ良ければよい場合もあるだろう．現実の場面では，問題を解くアルゴリズムを開発する時間を考慮し，適切な対応が必要である．

本章のまとめ

❶　最小木，最短路，最大フローの定義を確認し，それらの応用例を考えるとともに，それらを求めるアルゴリズムを理解した．

❷　最小コストフローの定義を確認し，最大フローとともに線形計画法との関係を理解した．

❸　巡回セールスマン問題を例にして，最適解を求めることは困難が予想されるが，最適解の定数倍で収まる解が存在することを確認した．

●理解度の確認●

問 3.1　図 **3.15** のネットワークにおいて次の問いに答えよ．

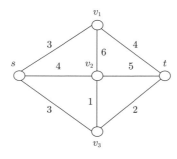

図 **3.15**

（a）　最小木をクラスカル法で求めよ．

---

† VRP　倉庫（depo）の荷物をトラックで指定されたところになるべく短い経路で配達する問題である．トラックの積載重量は上限があるため，一度に荷物が積めなければ，配達後，倉庫に戻り新たに荷物を積む必要がある．VRP で一度にすべての荷物を積めるほど十分大きい積載重量と仮定した場合は，巡回セールスマン問題と考えられる．

(b)　最小木をプリム法で求めよ．

問 3.2　図 **3.16** のネットワークの s から t への最短路をダイクストラ法で求めよ．

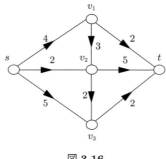

図 **3.16**

問 3.3　多品種フローにおいて，図 3.13 (a) の解が図 (b) となるが，最大フローを求めることで解を得るために，図 (a) のネットワークを変形せよ．

問 3.4　ネットワーク上の巡回セールスマン問題の近似解として，最小木上を巡回する解は，最適解の 2 倍以内の長さであることを示せ．

4

ネットワークの構成

　前章では，ネットワークにおいて，ある性質を持ったものを見つけ出すことを学んだ．本章では，具体的な例に基づいて，ある条件を満たすネットワークを構成することを学ぶ．

　例えば，ある問題に直面したときは，どのような方針で，どう解決するかを考えなければならない．「このグラフの最小木を求めよ」のような解を指定した問題は，学校の試験ならともかく，実社会において直接現れることはあまりない．どのようなアプローチで，問題を解決するかを考えていこう．

4.1 鉄道網の構成

3.1節では，次のような問題を扱った．

『いくつかの集落がある地域に，すべての集落を行き来できる鉄道網の建設を依頼されたとする．ここで，保守の面から線路が分岐する場所は，集落内と仮定する．線路を引くには費用がかかるので，合計の距離を一番少なくして，集落間を行き来できるよう線路を敷設するとする．』

この問題は，集落を点，鉄道を敷設可能な集落間を辺で結び，距離を辺上に記して，最小木を求めればよいことを学んだ．

さて，この仮定のうち，「線路が分岐する場所は，集落内とする」としたが，実際に線路を敷設する際には，総コストが低くなるなら，集落の外に分岐点をおいてもよいという考え方もある．まずは，そのような問題を考えてみよう．

単純に集落の数は3であるとし，どの集落間も線路が敷設可能で，どのように敷いてもよいとする（**図 4.1** (a)）．このネットワークの最小木は，図 (b) となる．さてここで，分岐点はどこでもよいとすると，コストを最小にするには，どうしたらよいだろうか．実は，図 (c)

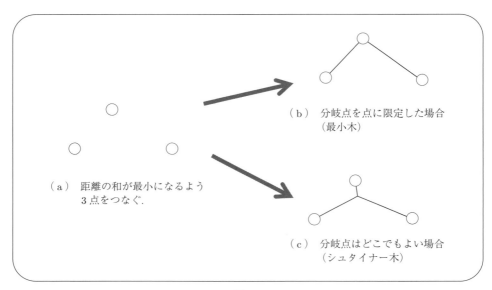

（b） 分岐点を点に限定した場合
（最小木）

（a） 距離の和が最小になるよう
3点をつなぐ．

（c） 分岐点はどこでもよい場合
（シュタイナー木）

図 4.1

のような敷き方がコスト最小となる．三つの辺が一つに交わるところは，シュタイナー点という点である．各集落を辺で結んだ三角形が鋭角三角形（正確には内角すべてが 120 度以下の三角形）であれば，交わった三つの辺からなる角度は，それぞれ 120 度であることが知られている．三角形の場合，シュタイナー点を求めることは難しくはないが，点数が 4 点，5 点と増えていった場合，コストを最小にしようとなると，とたんに難しくなる（コストが最小となる木を**シュタイナー木**という）．この問題は 2 章で触れた，NP 困難な問題となる[1]．問題の設定を少し変えることで，効率よく解けたり，解くのが難しくなったりする．実は 3 章で扱ったいくつかの問題は，きれいに解ける，ある意味では特別な問題であった．

4.2　消防署の設置問題

　ここでは，ネットワークはすでに存在しているとし，このネットワーク上の適切な場所に何らかの施設を配置する問題を考える．これをネットワークにおける**ロケーション問題**[2),3)]という．ロケーション問題は，最初に距離を尺度とした問題が提唱されたので，ここではそれを紹介する．その後インターネットに代表される，ものの流れが重視され，フローを尺度にした問題が考えられた．これは 6 章で紹介する．

　ある地域に消防署を新設するとし，ここでは消防署に配備する救急車に注目する．どこで事故があってもすばやく現場に到着するためには，消防署がその地域の外れにあってはならない．その地域のどこに設置すればよいだろうか．**図 4.2**(a) を見てみよう．どの辺の長さも 1 とする．消防署は点上に配置するとし，どの点へもなるべく早く到着する点を考える．

　候補となる点は，多くの点と隣接している u であるが，u から w へは，距離 3 となる．一方で点 v は，どの点へも距離 2 以下で到達することができる．最も遠くの点へ，最も早く到着するためには，点 v が適当と考えられる．この点を**センタ点**といい，この問題を 1–センタ問題という．ここでは，消防署を 1 箇所設置するとしたが，一般的には p 箇所設置するためにはどうしたらよいだろうか．この場合に算出するのは，各点から最も近いセンタ点への距離を計算し，その中の最大値が最小となるセンタ点の集合となる（図 (b)）．この問題は，***p*–センタ問題**といわれ，残念ながら，効率よく解く方法は見つかっていない．

　p-センタ問題は，最も遠くの点に最も早く到着する点を選ぶ問題であるが，各点への距離の総和が最も小さい点を選ぶことも考えられる．これを**メディアン問題**という．図 (c) において，1-メディアンを考える．点 v は，距離 1 の点が 3 個，距離 2 の点が 4 個なので，総和

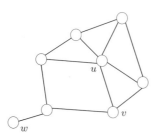

（a） 消防署を設置する場合，点 u とすると距離 3 の点 w がある．点 v はすべての点への距離が 2 以内となる．

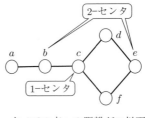

（b） すべての点への距離が 2 以下となるので，1-センタは c，他の点への距離が（どちらかの点から）1 以下であるので，$\{b, e\}$ は 2-センタとなる．

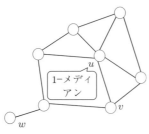

（c） 点 v から各点への距離の総和は $1+1+1+2+2+2+2=11$．点 u から各点への距離の総和は $1+1+1+1+1+2+3=10$．他の点は 10 より大きくなるので u が 1-メディアン．

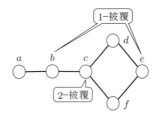

（d） 1-被覆は，他の点への距離が（どちらかの点から）1 以下であるので $\{b, e\}$．2-被覆は，他の点への距離が 2 以下となるので，点 c．

図 4.2

は，$3+8=11$ となる．

点 u は距離 1 の点が 5 個，距離 2 の点が 1 個，距離 3 の点が 1 個なので，総和は $5+2+3=10$ となる．

他の点の距離の総和は 10 以下とはならないので，点 u が 1-メディアンとなる†．

いま，センタ問題について視点を変えて，「どの点からも，ある一定距離 r 以内に消防署があるように，なるべく少ない数の消防署を設置するにはどこにおいたらよいか」という問題も考えられる．消防署ではなく，郵便ポストの設置を想定した方が現実的かもしれない．この問題を **r-被覆問題**といい（図 (d)），p-センタ問題同様に解くのが難しい問題である．図

---

† p-センタ問題は，最大（max）値を最小（min）にする問題なので，min–max 問題ということがある．これに対して，p-メディアン問題は，総和（sum）を最小（min）にするので，min–sum 問題という．

(b), (d) を見て，センタ問題と被覆問題の関係を考えてみよう．

　さて，先ほどから，「解くことが難しい」という言葉を何度も用いたが，どんな場合でも難しいわけではない．例えば，対象とするグラフがパス状であれば，p–センタ問題でも r–被覆問題でも簡単に解くことができる．この二つの問題は，対象となるグラフが木状であれば，効率よく解くことができることが知られている．p–メディアン問題も木状の場合は，効率よく解ける[4)~6)]．

　このように木状のグラフでは，効率よく問題を解くことができるが，一般のグラフでは，難しいという状況はよく出現する．この理由の一つは，木状の場合，動的計画法を適用しやすい．動的計画法[7)] は，いろいろな問題を効率よく解くことができる汎用性のある手法である．

4.3　ネットワークの中心性

　4.2 節では，センタ問題，メディアン問題を取り上げ，ネットワークの中心となる点について考えた．ここでは，それ以外の指標についても考える．この議論は一般に中心性といわれており，いろいろな尺度がある[8),9)]．順を追って説明しよう．

4.3.1　次数中心性

　点に接続している辺の個数を**次数**といい，次数が大きい点は中心性が高いと考える．多くの点に直接つながっているので，中心だろうといった考え方である．**図 4.3**(a) のグラフでは，点 v_4 と点 v_5 が次数 3 で最も大きいので，この 2 点の**次数中心性**が高いといえる．

4.3.2　近接中心性

　その点から他の点への距離が小さければ中心性が高いと考える．ここでは，各点への距離の総和を尺度とする．4.2 節でのメディアンの考え方である．図 (b) で辺の重みはすべて 1 とすれば，各点からほかの点への距離の総和は以下のようになる．

$$v_1 : 1+2+3+3+4+4+5 = 22$$
$$v_2 : 1+2+2+3+3+3+4 = 18$$

（a）　ネットワークの中心性
最も中心となる点はどれだろう
か.
　次数中心性では, 最も次数の
大きい v_4 と v_5 が中心性が高い.

（b）　近接中心性
他の点への距離の和は
$$v_4 : 1+1+1+2+2+2$$
$$+3 = 12$$
$$v_5 : 1+1+1+2+2+2$$
$$+3 = 12$$
で, 他の点は 12 より大きいので,
v_4 と v_5 が中心性が高い.

（c）　離心中心性
他の点への距離の最大値は
$v_4 : v_6$ への距離 3
$v_5 : v_1$ への距離 3
で, 他の点は 3 より大きいので,
v_4 と v_5 が中心性が高い.

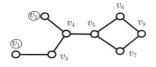

（d）　媒介中心性（v_1 と v_2）
v_1 は v_1 を除いた 2 点の最短路上
になく,（v_1 を通る最短路の数）/
（v_1 以外のある 2 点間の最短路の
数）の分子が 0 なので, 0. v_2 も
同様に 0.

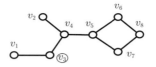

（e）　媒介中心性（v_3）
v_3 は v_1 と他の点への最短路上に
ある. v_1, v_8 間は最短路は二つで
両方 v_3 を通るので 2/2 = 1. v_1
と v_2, v_4, v_5, v_6, v_7 間は最短路は
一つで v_3 を通るので, 1/1 = 1.
よって和は, 6 となる.

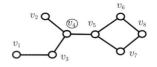

（f）　媒介中心性（v_4）
v_4 は v_3 と同様に計算する. v_4 の
左側に 3 点, 右側に 4 点あるの
で 12 通りの組合せがあり, それ
ぞれ値は 1. また v_2 と v_1, v_3 間
の最短路もあり, これも値が 1.
よって, 12 + 2 = 14 となる.

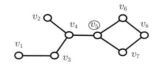

（g）　媒介中心性（v_5）
v_5 は v_3, v_4 と同様に計算する. v_5
の左側に 4 点, 右側に 3 点ある
ので 12 通りの組合せがあり, そ
れぞれの値は 1. v_6 と v_7 間は最
短路が二つでその一つが v_5 を通
る. よって, 12 + 1/2 = 25/2.

図 4.3

$$v_3 : 1+1+2+2+3+3+4 = 16$$

$$v_4 : 1+1+1+2+2+2+3 = 12$$

$$v_5 : 1+1+1+2+2+2+3 = 12$$

$$v_6 : 1+1+2+2+3+3+4 = 16$$

$v_7 : 1 + 1 + 2 + 2 + 3 + 3 + 4 = 16$

$v_8 : 1 + 1 + 2 + 3 + 4 + 4 + 5 = 20$

v_4 と v_5 の値が小さいので，**近接中心性**が高いといえる．

4.3.3　離 心 中 心 性

その点からほかの点への距離が小さいところを評価するが，ほかの点への距離の最大値が最小となる点の中心性が高いと考える．4.2 節でのセンタの考え方である．図 (c) のグラフにおいては，点 v_4 に注目すると，v_7 との距離が 3 で最大となり，v_5 は v_1 との距離 3 で最大となる．この二つの点以外は，3 より大きくなるので，v_4 と v_5 が最も**離心中心性**が高くなる．

4.3.4　媒 介 中 心 性

ここまでは，v_4 と v_5 がすべての中心性で高く，差がなかった．媒介中心性は，「点 v が，ほかの 2 点間の最短経路のパス上にある機会が多いか」で判断する．ここでは，パス上とはパスの端点以外とする．ネットワークを道路網とし，最短経路で移動すると仮定すると，点 v を通る機会が多ければ，その点は重要であるといった考えである．具体的には，ある 2 点間に対して，その 2 点間の最短経路数を分母とし，最短経路の中で点 v を通る経路数を分子とする．これを任意の 2 点間の総和をとることで，点 v の**媒介中心性**となる．つまり，v の値は

(ある 2 点間の最短路で v を通るものの数)/(ある 2 点間の最短路の数)

の和となる．図 4.3 のグラフで考えてみよう．

- 点 v_1 は，どの 2 点をとっても最短経路上にはないので，0 となる（図 (d)）．
- 点 v_2 は点 v_1 と同様に 0 となる（図 (d)）．
- 点 v_3 は，点 v_1 と（点 v_3 以外の）点への最短経路上にある．点 v_1 と v_8 間には，最短経路が二つあり，そのどちらも点 v_3 を通るので，2/2 で 1 となる．v_8 以外は，最短経路数が 1 ですべての経路は v_3 を通るので，1/1 = 1 で，これらを加えて媒介中心性は 6 となる（図 (e)）．
- 点 v_4 の媒介中心性は点 v_3 と同様に計算して，14 となる（図 (f)）．
- 点 v_5 については，v_1，v_2，v_3，v_4 と v_6，v_7，v_8 との最短路上にあるので，ここまでで媒介中心性は $(4 \times 3 =)12$ となる．また，v_6 と v_7 の間の最短路は二つあり，その片方が v_5 を通る，1/2 となり，合計で 25/2 となる（図 (g)）．

- 点 v_6 と v_7 の媒介中心性はどちらも 5/2, 点 v_8 は 1/2 となるので, 計算してみよう.

さて, この媒介中心性では, v_4 が 14, v_5 が 25/2 で異なり, v_4 の媒介中心性が最も高くなる. これは, v_2 と v_1 や v_3 との最短路は必ず v_4 を通るのと, v_6 と v_7 の最短路が必ずしも v_5 を通らなくてよいことから説明できる.

4.3.5 固有ベクトルによる中心性

一時期, Google では, page rank と呼ばれる指標を用いて web page をランク付けしていた[10]. この page rank のもととなる中心性を紹介しよう. インターネットにおける **Web グラフ** (Web ページを点, リンクを辺で表したグラフ) を用いて, この中心性を説明すると

① 多くの点からリンクが張られている点は中心性が高い.

② 中心性の高い点からリンクが張られている点は中心性が高い.

③ 中心性が高い点から張られたリンクの数が少ないほど, リンク先の点の中心性が高い.

という原理に基づく指標である. 具体的には, 点 v_i の中心性を m_i とすると

$$m_i = \sum_{(v_j, v_i) \in E} \frac{m_j}{od_j} \tag{4.1}$$

となる. つまり, v_i の中心性は, v_i に入ってくる辺の端点 v_j の中心性 m_j を端点 v_j の出次数 (od_j) で割ったものである. 和をとることで①を, m_j を用いることで②を, od_j で割ることで③を表している.

例を用いてこの中心性を求めてみよう. **図 4.4** のグラフで, 例えば, m_1 を考えると

$$m_1 = \frac{m_3}{od_3} + \frac{m_4}{od_4} + \frac{m_5}{od_5} = \frac{m_3}{1} + \frac{m_4}{2} + \frac{m_5}{3} \tag{4.2}$$

となる. これを算出するには, まず点数 × 点数の行列を用意し, (v_i, v_j) が辺であれば i, j 成分を 1 とし, 他は 0 とする (これを**隣接行列**と呼ぶ). 図 4.4 の隣接行列は以下となる.

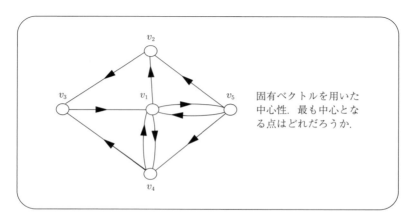

固有ベクトルを用いた中心性. 最も中心となる点はどれだろうか.

図 4.4

$$\begin{bmatrix} 0 & 1 & 0 & 1 & 1 \\ 0 & 0 & 1 & 0 & 0 \\ 1 & 0 & 0 & 0 & 0 \\ 1 & 0 & 1 & 0 & 0 \\ 1 & 1 & 0 & 1 & 0 \end{bmatrix}$$

この行列の各行 j の成分を od_j で割って転置すると

$$A = \begin{bmatrix} 0 & 0 & 1 & 1/2 & 1/3 \\ 1/3 & 0 & 0 & 0 & 1/3 \\ 0 & 1 & 0 & 1/2 & 0 \\ 1/3 & 0 & 0 & 0 & 1/3 \\ 1/3 & 0 & 0 & 0 & 0 \end{bmatrix}$$

となる.

$$M = \begin{bmatrix} m_1 \\ m_2 \\ m_3 \\ m_4 \\ m_5 \end{bmatrix}$$

とすると, 式 (4.1) は

$$M = AM \tag{4.3}$$

と表される（m_1 に対して, 式 (4.2) が成り立っているのが確認できる）. 式 (4.3) は, どこかで見たことがあるだろうか. 実は行列 A のある固有ベクトル M を表す式となる. M を求めると

$$M = \begin{bmatrix} 0.72 \\ 0.32 \\ 0.48 \\ 0.32 \\ 0.24 \end{bmatrix}$$

となる. つまり, v_1 が最も中心性が高く, 次は v_3 となる. v_1 は入次数が 3 で大きいので高く, v_3 は入次数は 2 で, v_2 は v_3 以外に接続していないので, 高くなる. page rank は, 実際に使えるようにいくつかの修正が施されているが, この考えが元になっている.

4.4 ネットワークの成長モデル

　4.2, 4.3 節では，ネットワークの点の重要性について考えてきたが，そもそもネットワークはどのような構造になっているのだろうか．ネットワークがすでに存在しているのであれば，それに関して考察すればよいだろう．ネットワークが存在しない場合は，まずは何らかの方法で作成し，そのネットワークを解析したり，シミュレーションに使ったりすることもあるだろう．では，どのようにネットワークを構成すればよいだろうか．

　最も単純なものは，適当な数の点をおいて，2 点間に辺を付加するかどうかを確率で決定するものである．これを**ランダムグラフ**[11]という．付加する確率が 1 に近ければ多くの辺を持ち，0 に近ければあまり辺は存在しない．例えば，**図 4.5** は平面上にランダムに点を 10 点設置し，確率 0.4 で辺を結んだランダムグラフである．この図 4.5 でわかるように，ランダムグラフは，遠くの点も近くの点も同じ確率で辺を付加するので，道路網などのモデルとしては，適当ではない．ランダムグラフをモデルにしたい場合は，近くの点と遠くの点で辺を付加する確率を変えることも考えられる．ここで注意して欲しいのは，このような辺の付加方法であれば，横軸を次数，縦軸を点数でとったグラフは，どこかにピークがあり，その前後で小さくなっている．私たちが考えるべきネットワークは，常にこのような次数の分布となっているのだろうか．

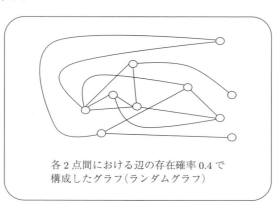

各 2 点間における辺の存在確率 0.4 で
構成したグラフ（ランダムグラフ）

図 **4.5**

　道路網や（ある会社の）通信網のようなネットワークは，実際に存在し，確認できるが，実態がわからないネットワークもある．例えば，インターネットにおいて，全世界がどのような（物理的な）接続構造になっているかは厳密には誰もわからない．web page を点，リンクを辺とする Web グラフであればなおさらである．このようなグラフの特徴は何だろうか．ランダムグラフのようにどこかに次数のピークがあるのだろうか．このような巨大なネットワークは，**複雑ネットワーク**と呼ばれ，研究が進められている．

　複雑ネットワークにはいくつかの特徴があるといわれている．その一つは，ハブと呼ばれる，非常に大きな次数を持つ点が少数存在することである．ハブとは，元々車輪の中心部にある構造で，自転車であれば，スポークが周囲の車輪と中心部のハブをつないでいる．この性質から，ネットワークの集線装置の呼び名や，航空路線が集中する空港（ハブ空港）で使われている．少数のハブ以外のほとんどの点の次数が小さいネットワークは，インターネットの物理的な接続構造としても理解できる．

　このネットワークは，**スケールフリーネットワーク**[12]ともいわれていて，ネットワークを代表する尺度（スケール）を持たない．具体的には，次数が d となる確率が $d^{-\gamma}$ に比例するネットワークである．ここで，ランダムネットワークとスケールフリーネットワークについて比較してみよう．ランダムネットワークの場合，2点間を確率 0.4 で辺で結んだ場合，次数の平均は，（点数 -1）$\times 0.4$ となる．10 点であれば，3.6，100 点であれば 39.6 である．つまりネットワークを代表する次数のピークがある．さて，スケールフリーネットワークの場合．次数が d となる確率が $d^{-\gamma}$ に比例するので，次数が小さい点の数が多く，次数が大きくなるに従って点の数が少なくなる．点数が 10 であっても 100 であってもこの傾向は変わらないので，次数について特徴的なものは存在せず，ネットワークを代表する尺度がないことになる．

　また，スケールフリーネットワークは，ハブを持つため 2 点間の距離が大きくならない．例えば，平面上にランダムに点を配置し，距離の近い点と優先的に辺で結んだグラフは，平面が大きくなると，2 点間の距離の平均は大きくなる．スケールフリーネットワークの場合，距離の平均の増加は緩やかとなる．この性質は，全く接点がないと考えられていた二人が，数人の友人を通じてつながっているときに，「世間は狭い」といったりするように，**スモールワールド性**といわれている．

　なお，スケールフリーネットワークの例として，適当な完全グラフに一つずつ点を付加し，次数は，例えば $\gamma = 2$ で決定し，元のネットワークの次数の大きい点に優先的に辺を接続することで得られる（**図 4.6**）．図 4.6 にハブとなる点が存在することがわかるだろう．詳細は文献[13]~[15]を参照されたい．

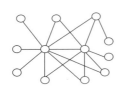

次数 d となる確率が d^{-2} に比例したグラフ. 次数の大きい点 (ハブ) が存在している.

図 **4.6**

本章のまとめ

❶ 消防署の設置問題で，最も遠い地点まで最も近い場所と，各地点までの距離の和が小さい場所は，必ずしも一致しないことを理解した.

❷ ネットワークの中心性について次数中心性，近接中心性，離心中心性，媒介中心性の定義を確認し，それぞれ求めることができた.

❸ ランダムグラフとスケールフリーネットワークの違いを理解した.

●理解度の確認●

問 4.1 図 **4.7** における各点 i の次数中心性 $C_D(i)$，近接中心性 $C_C(i)$，離心中心性 $C_E(i)$，媒介中心性 $C_B(i)$ を求めよ.

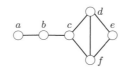

図 **4.7**

問 4.2 図 **4.8** における 1–センタ，2–センタを求めよ.

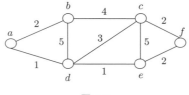

図 **4.8**

問 4.3 1–メディアンとなる点と 1–センタが異なる木状のグラフを一つ示せ.

5

待ち行列理論

　本章では，ネットワーク工学の重要な分野の一つである待ち行列理論について考える．待ち行列でモデル化されたシステムの振舞いを理解するため，理論式，コンピュータシミュレーションによる計算結果を観察する．また，シミュレーション手法，理論解析手法に触れ，待ち行列の理解を深める．更に，コンピュータシミュレーションの必要性等を現実のネットワークであるモバイルネットワークの例から考える．

5.1 はじめに

　前章までで，ネットワークの形や大きさに関わる問題だけでなく，ネットワークを流れる
ものとしてネットワークフローを考えた．ネットワークシステムの代表的なものである通信
ネットワークは，情報をネットワークに流すことで意味をなすが，利用者がいつでも好きな
だけ情報を流せるわけではなく，ネットワークに接続できない場合や待たされる場合がある．

　このような場合，最大フローのようにネットワークに流せる最大量だけでなく，各利用者
がどのくらいの頻度でネットワークに接続できないのか，どの程度待たせられるのかといっ
た指標も重要になる．このような指標を確率的に評価してネットワークをながめるという理
論が，**待ち行列理論，通信トラヒック理論**として確立されている[1]~[10]．理論的手法だけですべ
てが解決するわけではなく，**コンピュータシミュレーション**による評価も一般的になって
いる[2]~[4],[11]．

　本章では，待ち行列の代表的なモデルについて，その性質を数値例から観察したあと，シ
ミュレーション，理論について考える．また，シミュレーションの必要性については，複雑
化するネットワークの一例であるモバイルネットワークを通して考えてみる．

5.2 基本的な待ち行列システム

　映画館に行くと切符を買うために並ばなければならないことがしばしばある．コンピュー
タネットワークにおいては，パケットがルータと呼ばれるコンピュータの間を何度も転送さ
れ目的地まで運ばれるが，パケットは転送される際にしばしば待たされ，待ち時間が生ずる．

　映画館の切符売り場の入り口から客が入り，窓口の前に並び，窓口で切符を買って窓口か
ら離れる．ここまでを待ち行列システムとして考える．このようなものが**図 5.1** のようにモ
デル化される．

　図 (a) と (b) では，サービスを受けるために客が左側からシステムに入り，待っている客
がおらず**サーバ**（窓口）が空いていればすぐにサービスを受けることができる．サーバが客

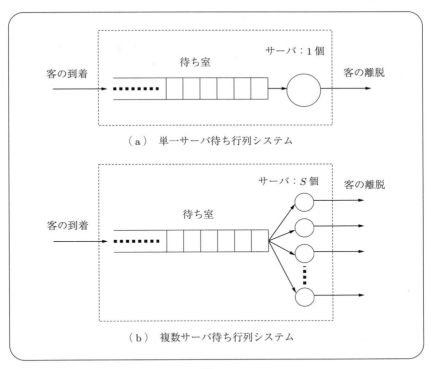

（a） 単一サーバ待ち行列システム

（b） 複数サーバ待ち行列システム

図 **5.1**

に対してサービスを行っているときに到着した場合，客はサーバの前に作られた待ち室で待たされる．複数の客が待たされれば行列ができる．

待ち行列に並んでいる客がサービスを受ける順はいろいろあるが，客は到着順に待ち行列に並び，待ち行列の順にサービスを受けることとする．サービスを受けている客はサービスが終了するとシステムを離脱し，それと同時に待ち行列の先頭の客がサービスを受け始める．

図 (a) ではサーバが一つなので一度に 1 人しかサービスを受けられないが，図 (b) では S 人まで同時にサービスを受けられる．

待ち行列システムについては，1 人のサービスにかかる時間が長ければ長く待たせられ，短ければ自分の順番が早く回ってきそうだというように，感覚的に容易に予想できることも多いが，ここでの議論のポイントがわかる例を観察してみる．**図 5.2** (a) はサーバが一つである待ち行列システムで起こる出来事を時間軸上に書き込んだものである．開始時刻から X_0 時間経過すると最初の客（客 1）が到着する．最初の客なのでサーバは空いており，すぐにサービスが開始される．しかし，二人目の客（客 2）が到着したときに，客 1 はまだサービスを受けていることがわかる．サーバは一つなので空いていないことになり，客 2 は待ち行列の先頭で待たされることになる．客 1 のサービス開始から T_1 後にサービスが終わるが，それと同時に客 2 へのサービスが始まる．その後，客 3 へのサービスが始まるが，客 3 のサー

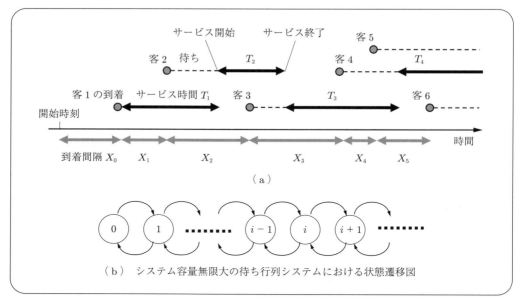

（ａ）

（ｂ）　システム容量無限大の待ち行列システムにおける状態遷移図

図 5.2

ビス中には客4と客5が到着するので待ち行列の長さは2になり，客3のサービスが終わると待ち行列の長さは一つ減り1になる．

　図 (b) はこのようなシステム内の客数の状態変化を有向グラフにより表したもので，**状態遷移図**と呼ばれる．各状態に書かれた数字はシステム内客数の状態を表しており，状態 i から状態 j への有向辺は，システム内客数が i の状態から j の状態に遷移することを示している．図 (b) の状態遷移において暗に仮定していることがあり，ここではシステム内客数の差が 1 である状態間でしか遷移しない．つまり，同時に複数の事柄（2 人以上の客が同時に到着することや客の到着と他の客のサービス終了が同時に起こることなど）は起こらないとしている．

　この例のように，待ち行列システムでは，客の到着によってシステム内の客数が増加し，サービスの終了で客数が減少する．また，客 1 のように待つことなくサービスが終わりシステムから出る客もいれば，客 2 のようにサービス時間以外に待ち時間の分だけシステムに長く留まる客もいるので，滞在時間が他の客との兼ね合いで長くなることがある．

　このような特徴をもつ待ち行列システムを作る前に，サーバの数をいくつにすればよいか，サーバの処理能力をどの程度にすればよいかなどを決めることが必要になる．もちろん，システムが稼動してからも必要に応じて，サーバ数を増やしたり，処理能力を上げるという工夫をすることも必要だろう．

　更に，到着間隔やサービス時間は一般にランダムであるので，長くなるときもあれば短い

ときもある．このような場合，待ち行列システムの状態は上記の状態遷移図上で確率的に遷移することになる．

　いろいろと述べたが，これら（客の到着の性質，システム仕様，サービス基準，サービス時間等）の性質を考慮した上で，客が実際に受けるサービスの質を何らかの指標（例えば待ち時間）によって評価し，その性質を把握することが必要になる．このような問題を抽象的なモデルで考えるための理論として待ち行列理論や通信トラヒック理論があり，シミュレーション技術がある．

5.3 待ち行列を作らない即時式システム

　図 **5.3** (a) のように待ち室をもたずサービスを受けられない客はシステムから直ちに退去するシステムは**即時式システム**と呼ばれる．代表的なものとして，電話の回線交換がこれに対応する．客（電話の通話要求）がシステムに到着したときに，サーバ（通信回線）が空いていればすぐにサービスを受けられるが，サーバ（通信回線）がすべて使われている場合には，その客はサービスを受けられずシステムから退去する．

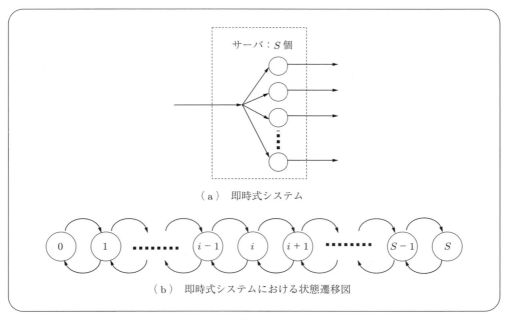

（a）　即時式システム

（b）　即時式システムにおける状態遷移図

図 **5.3**

図 (b) が即時式システムの状態遷移図である．サーバ数が S で待ち室がないので状態数は $S+1$ 個である．客が到着したときシステム内客数が $S-1$ 以下であればサーバが空いており，右側へ状態遷移するが，システム内客数が S のときには客が到着しても退去するため状態遷移は起こらない．サービスが終わると左に状態遷移する．

電話の回線交換のような即時式システムでは，電話の通信要求が客に対応するが，これを呼という．即時式システムにおいて呼がサービスを受けられずシステムを去ることを呼損という．即時式システムの評価として，サービスを受ける前に待つことはないので待ち時間の評価は必要ないが，通信したいのにつながらない確率（**呼損率**）が評価指標となる．

5.4 客の到着とサービスの終了

本章で用いるランダムな客の到着とサービス時間のモデルを説明する．ランダムな客の到

① 客は互いに独立に到着する．
② 客の到着が時刻に無関係である．ここでは，微小時間間隔 Δt の間に客が到着する確率を $\lambda \Delta t$ で表す．
③ 微小時間 Δt の間に二人以上の客が到着する確率を無視することができる．

（a） ランダムな到着（ポアソン到着）

到着する客数と到着間隔　　$\mathrm{Pr}(A)$：事象 A が起こる確率

$$\mathrm{Pr}(K(t)=k) = \frac{(\lambda t)^k}{k!} e^{-\lambda t}$$ 　ポアソン分布

$K(t)$：長さ t の時間間隔の間にポアソン到着する客数

$$\mathrm{Pr}(X \leqq x) = 1 - e^{-\lambda x}$$ 　指数分布

X：連続してポアソン到着する二人の客の到着間隔

（b）

図 5.4

着は図 **5.4** の**ポアソン到着**を用いる．ランダムな終了のモデルは図 **5.5** のモデルを用いる．

　ポアソン到着は図 (a) に示す三つの条件だけに従うことを仮定した単純なモデルである．電話がかかってくる様子，自動車が自由に走行できるような道路において自動車がある点を通過する様子[12]　など，さまざまな場合にモデルとして使うことができるといわれている．

　また，図 (b) にあるように，ポアソン到着を仮定するとある時間内に到着する客数は**ポアソン分布**に従う．また，連続して到着する客の到着間隔は**指数分布**に従う．

　ランダムなサービスの終了は図 5.5 の条件を満たす単純なモデルであり，この条件を満たすとサービス時間は指数分布に従う．

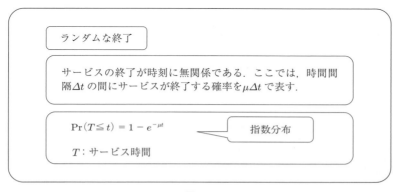

図 **5.5**

5.5 ケンドールの記法

　図 **5.6** にケンドールの記法を示す．これにより待ち行列システムを簡単に書き表すことができる．図 5.6 は **M/M/1** と **M/M/S/S** を例として示している．

　M/M/1 は，三つの記号により到着間隔が指数分布（つまりポアソン到着），サービス時間が指数分布，サーバ数が 1 を表し，四つ目の記号が省略されているので**システム容量**が無限大であるシステムを表している．

　M/M/S/S は，(サーバ数) = (システム容量) なので，待ち室がなく，即時式システムを表す．

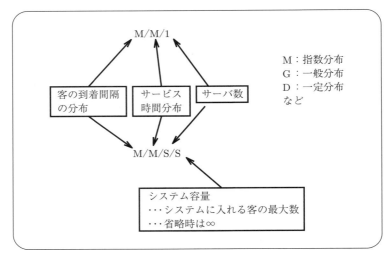

図 5.6

5.6 待時式システム M/M/1の性質

　具体的な待ち行列システムとして M/M/1 を観察する．M/M/1 の性質を示すグラフと，これらを計算するために用いた式を，**図 5.7** から**図 5.9** に示す．

　図 5.7 は定常状態になった M/M/1 システムにおいて，**システム内客数**が k である確率 p_k を示している．図 5.7 は利用率 $\rho = \lambda/\mu$ の大きさが異なる三つの場合の p_k を示しており，ρ が大きくなると，p_k のグラフは全体的に右側に寄り，システム内客数が大きい場合の確率が高くなることがわかる．また，k が大きくなると p_k が小さくなっている．

　図 5.8 (a) は M/M/1 におけるシステム内客数 N_S の平均値 $\mathrm{E}(N_S)$ で，図 (b) は待ち時間 T_q の平均値 $\mathrm{E}(T_q)$ のグラフである．図 5.7 の観察からも予想できるように，ρ の増加に伴いシステム内客数の平均値及び平均待ち時間は増加し，共に ρ が 1 に近づくと急激に大きくなる．

　これらの性質を理解するために，数式により作成したグラフを用いたが，式の形からも性質を推測できる．後述する手法で M/M/1 を解析でき，その手法と図 5.9 に示す式は共に広く知られている．

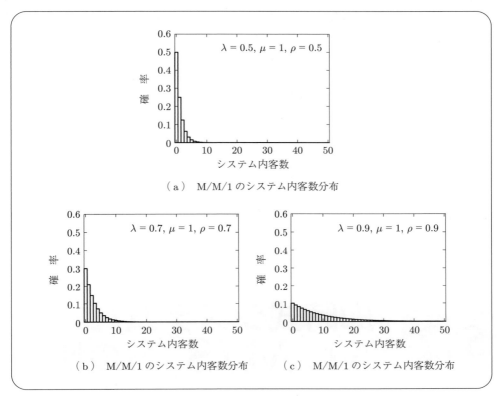

（a） M/M/1 のシステム内客数分布

（b） M/M/1 のシステム内客数分布　　（c） M/M/1 のシステム内客数分布

図 5.7

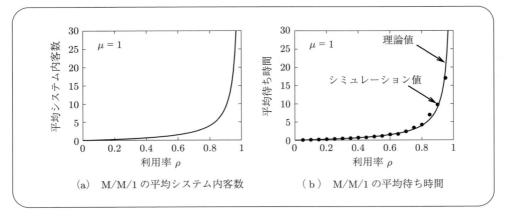

（a） M/M/1 の平均システム内客数　　（b） M/M/1 の平均待ち時間

図 5.8

M/M/1 の客数の分布

$$p_k = \Pr(N_S = k) = \rho^k(1 - \rho)$$

$\rho = \dfrac{\lambda}{\mu}$

$\rho < 1$

N_S：定常状態でのシステム内客数

p_k：定常状態でシステム内客数が k である確率

M/M/1 の平均客数

$$\mathrm{E}(N_S) = \frac{\rho}{1 - \rho}$$

$\mathrm{E}(\cdot)$：・ の平均

M/M/1 の平均待ち時間

$$\mathrm{E}(T_q) = \frac{1}{\mu} \cdot \frac{\rho}{1 - \rho}$$

T_q：定常状態での待ち時間

図 5.9

5.7　即時式システム M/M/S/S の性質

　即時式システム M/M/S/S を観察する．このシステムは主に回線交換のモデルとなり，その理論は**通信トラヒック理論**とも呼ばれる．用語も**図 5.10** のような対応があり，ここでも図 5.10 の用語を用いる．

　5.3 節で述べたように，S 本の通信回線があり，**呼**が生起し，回線が空いていれば接続され，通信の長さだけ通信回線を保留し，その**保留時間**が終わると通信要求はシステムからい

	M/M/S/S（即時式システム）における用語
客	…通信要求(**呼**)
サーバ	…通信回線
サーバ数	…回線数
サービス時間	…**保留時間**

図 5.10

なくなる．呼の生起時に S 本の回線がすべて使われていたら，回線が空くのを待つことはしないので，呼は接続されずシステムからいなくなる．

図**5.11** は M/M/S/S のシステム内客数が k である確率 p_k のグラフ，図**5.12** は平均システム内客数，呼損率のグラフであり，これらは図**5.13** の式で計算したものである．

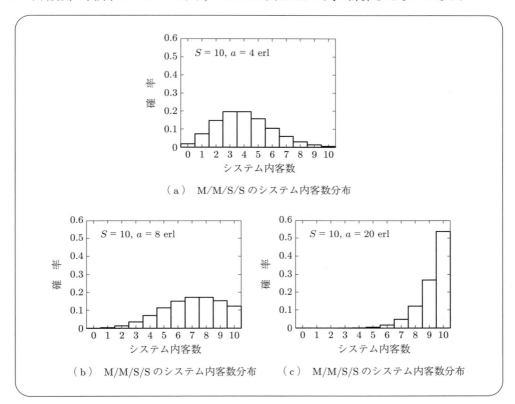

（a） M/M/S/S のシステム内客数分布

（b） M/M/S/S のシステム内客数分布　（c） M/M/S/S のシステム内客数分布

図 **5.11**

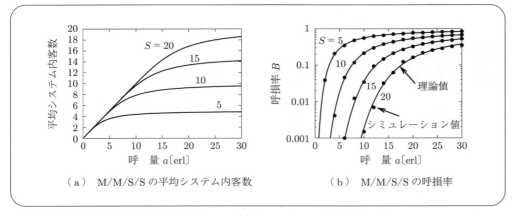

（a） M/M/S/S の平均システム内客数　（b） M/M/S/S の呼損率

図 **5.12**

M/M/S/S のシステム内客数の分布

$$p_k = \Pr(N_S = k) = \frac{\dfrac{a^k}{k!}}{\sum_{i=0}^{S}\dfrac{a^i}{i!}} \qquad a = \frac{\lambda}{\mu}$$

M/M/S/S の呼損率

$$B = \frac{\dfrac{a^S}{S!}}{\sum_{i=0}^{S}\dfrac{a^i}{i!}}$$ アーラン B 式

B：呼損率．到着した呼が接続されない確率

M/M/S/S の平均システム内客数 $\mathrm{E}(N_S) = a(1-B)$

図 5.13

図 5.11 は k に対する p_k のグラフであるが，呼量 $a = \lambda/\mu$ が増えるとグラフが全体的に右側に寄る傾向は M/M/1 と同様である．しかし，M/M/1 とは異なりシステム容量に上限があり S であるので，システム内客数の最大値は S となる．

図 5.12 の平均システム内客数，呼損率のグラフからは，呼量 a〔erl〕（アーラン，呼量の単位）の増加に伴い平均システム内客数及び呼損率が大きくなっていくこと，回線数を増やすことで呼損率を下げることができることなどがわかる．

また，図 5.12 (b) のグラフから，呼量が 12 erl のときに呼損率を 0.01 程度にしたいとき，回線数としては 20 回線用意すればよいことがわかる．これは，サービスの品質を実現するためのシステム設計の第一歩である．

5.8 M/M/1の コンピュータ シミュレーション

前で示した M/M/1 と M/M/S/S の理論式はいずれも厳密かつ形もシンプルである．よって，正確・簡単な計算ができ，式からさまざまなことを見通すこともでき，たいへん使い勝手がよい．このように理論的に解析を行った結果，最終的な式の形や解析のプロセスから，求める値に与えるさまざまな要因の影響がよくわかる．一方で，このような理論を使ってすべて

のシステムを解析し設計できればよいが，理論解析を行うことが難しい場合が多々ある．システムが複雑化していけばなおさらである．このような場合にコンピュータシミュレーションが必要とされる．

　図 5.8 (b) と図 5.12 (b) で示した M/M/1 の平均待ち時間と M/M/S/S の呼損率のグラフには実線のほかに点がプロットされている．実はこれらの点はコンピュータシミュレーションによって計算した結果であり，理論値とよく一致していることがわかる．

　ここで用いたコンピュータシミュレーションプログラムはどのような仕組みになっているのか．M/M/1 のシミュレーションの大まかなフローチャートを**図 5.14** に示す．シミュレーションの中で発生するイベントとして，客の到着（イベント 1）とサービスの終了（イベント 2）の二つを考える．これらは**図 5.15** (a) の状態遷移（図 5.2 と同じ）において，状態が変化するときに発生するイベントである．よって，イベント 1 とイベント 2 が発生する時刻だけを追いかければ，システムの状態の変化を観察でき，そのデータを収集・蓄積することで，システム内客数の平均値や平均待ち時間等を計算していくというのが基本的な仕組みである．

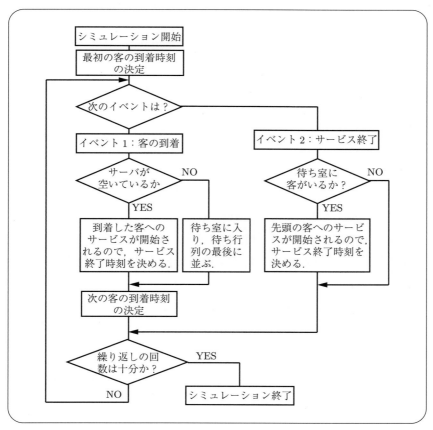

図 5.14

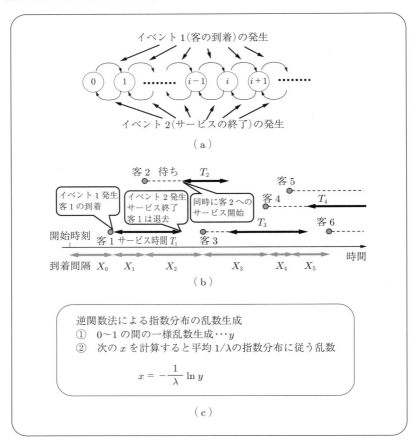

図 5.15

では，シミュレーションでは，具体的に何をするのか．また，イベント1とイベント2が
起きたときには，それぞれどのような処理が行われるのか．図 (b)（図5.2と同じ例）を用い
て，イベント1とイベント2の発生を時間軸で考える．

まず，イベント1（客の到着）の発生時刻であるが，M/M/1の客の到着間隔は指数分布に
従うので，指数分布に従う**乱数**があれば，この乱数で客の到着間隔を決められる．到着間隔
が決まればイベント1の発生時刻は決まる．

例えば，到着間隔が平均 $1/\lambda$ の指数分布に従うならば，平均 $1/\lambda$ の指数分布に従う乱数
を繰り返し生成し，それらを到着間隔 X_0, X_1, X_2, $\cdots$ の値として使えばよい．図 (b) の
ように初期時刻から X_0 経過した時点で客1が到着し，その後，到着間隔 X_1 をおいて時刻
$X_0 + X_1$ で客2が到着し，到着間隔 X_2 をおいて時刻 $X_0 + X_1 + X_2$ に客3が到着すると
いうように客の到着時刻を決めることができる．

平均 $1/\lambda$ の指数分布の乱数の作り方として，**逆関数法**と呼ばれる手法を使うと簡単に生成
できる．$0 \sim 1$ の一様乱数 y を C 言語等で用意されているライブラリで求め，これを図 (c) の

式に代入し x を求めるとこれが平均 $1/\lambda$ の指数分布の乱数となる．これによって，上の到着間隔 X_0，X_1，X_2，$\cdots$ の値を計算でき，イベント 1 の発生時間を決めることができる．

　イベント 1 が発生したあとは何をするのか．客が到着したときにサーバが空いていなければ待ち室に入り，空いていればすぐにサービスを受ける．上の到着間隔 X_0，X_1，X_2，$\cdots$ と同様にサービス時間も平均 $1/\mu$ の指数分布に従うとしているので，客 i のサービス時間 T_i を平均 $1/\mu$ の指数分布に従う乱数により決められる．つまり，サービスが開始したら開始時刻にサービス時間を加えることで客 i のサービス終了時刻も決まる．

　次に，イベント 2 の発生時には何をするのか．図 (b) で考える．この図で客 1 がサービスを受けている間に客 2 が到着して待ち室に入っている．そのとき，イベント 2 として，客 1 のサービスが終了する．客 1 はサービスが終わるのでシステムから退去するが，同時にサーバが空くので，先頭で待っている客，つまり客 2 のサービスが即刻開始される．このように，待ち室に客がいる際にイベント 2 が発生した場合には，サービスを終えた客の退去と次の客のサービス開始を同時に行うことになる．そして，新たにサービスが始まる客のサービス時間を乱数により決め，この客のサービス終了時刻を定めることになる．また，待ち室に複数の客がいた場合には，それぞれの客の順番が一つ繰り上がることになる．

　図 5.14 は，これらの処理を大まかにフローチャートにまとめたものであるが，十分な数だけ処理を繰り返すことで，多数のイベント発生の観察を終えたあと，結果を集計して，平均待ち時間等の特性値を計算することができる．

　ここで述べたような方法はイベントが発生するタイミングだけを観察していく**イベント駆動型シミュレーション**であるが，他にも，決まった時間間隔で継続的にシステムを観察していく**時間駆動型シミュレーション**がある．

5.9 M/M/S/Sの コンピュータ シミュレーション

　同様に，M/M/S/S のシミュレーションの大まかなフローチャートは**図 5.16** のようになる．M/M/1 と比べると待ち行列の処理がいらないため，処理が簡略化されている．呼の到着と通話時間が，それぞれ客の到着とサービス時間に対応するが，基本的な決め方は M/M/1 と全く同じである．

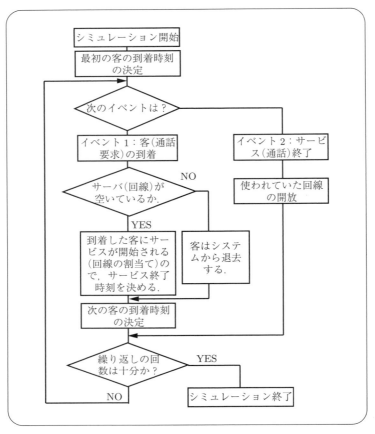

図 **5.16**

5.10 コンピュータ シミュレーション の必要性

　繰り返しになるが，図 5.9，図 5.13 で示した理論式はいずれも厳密かつシンプルで，正確かつ簡便に計算でき，式からさまざまなことを見通すことができ，理論的に解析を行うことで理解も深まる．しかし，複雑なシステムでは，理論的な解析自体が困難である場合も多い．その一つの例として，モバイル通信が始まったことによる通信システムの複雑化を考えてみる．

　モバイル通信が始まったことによる具体的な変化として，通話要求の到着や通話時間の長さに対して，利用者の移動の仕方が影響を及ぼすようになったということがある．

　図 **5.17** (a) は多くのモバイル通信システムの基本的な形式である**セルラシステム**[13]　である．**基地局**と呼ばれる設備が数多く配置され，端末は最寄りの基地局と無線で通信し，基地局経由で他の移動端末との通信や固定網へのアクセスを行う．この形態自体はこんにちのモバイル通信システムでも変わらない．

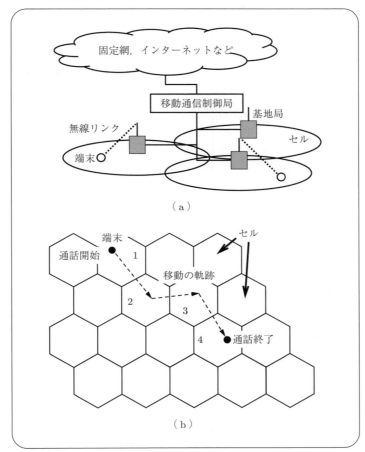

図 **5.17**

　基地局と通信できる範囲は**セル**と呼ばれる．図 (b) はセルラシステムにおいて端末が通信中に移動した軌跡を表す．もし，この端末が移動しながら通信すると，最初はセル 1 の基地局と通信するが，次にセル 2 の基地局につなぎ変えることになる．このようにセルを横切る場合でも通信を継続させるための制御を**ハンドオフ**という．この例では，次にセル 3，セル4 にハンドオフして，セル 4 で通信を終えている．

　初期のセルラシステムによる通話サービスを考えると，各セルの回線が即時式であり，回線が空いていれば使用でき，空いていないと呼損になる．一つのセルに着目したときの処理を考えると，移動がなければ**図 5.18** (a) のような処理になるので，これは図 5.16 と本質的

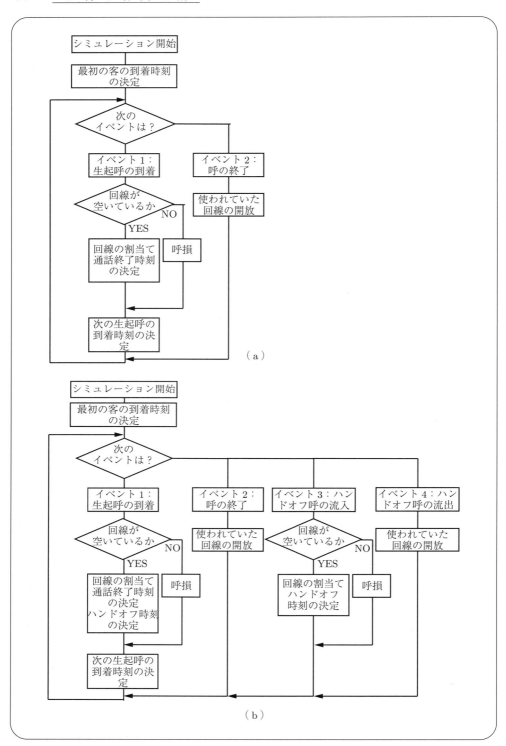

図 **5.18**

に同様である．しかし，ハンドオフがあると通話の途中で，いままで使われていた回線が開放され，新たにつながった基地局の回線を使うことになるので，新しい処理が加わる．一つのセルに着目したときの，このハンドオフを含めた処理が図 (b) のフローチャートになる．

　ハンドオフの際の回線の割り当て要求は，呼の到着のようなもの（**ハンドオフ呼**という）だが，もはや図 5.4 (a) のような単純な到着モデルではない．このハンドオフ呼自体も最初は生起呼として到着しているが，もし，ハンドオフ呼が元々生起したセルに戻ってきたら，生起呼としての到着とハンドオフ呼としての到着が独立でないことは明らかである．また，通話時間についても移動によりハンドオフをすると途中で別のセルでの通話になるので，各セルでの通話時間は細切れになりこの長さが移動により影響を受ける．

　このようなことから，ハンドオフを考慮に入れると呼損率を求めるためにアーラン B 式を使うことができるのかはわからない．仮に近似としてアーラン B 式を使えたとしても，呼量を単純に $a = \lambda/\mu$ とすることはできず，移動の影響を反映する必要がある．

　このようなことから，セルラシステムのように，システムの評価に人間の移動という複雑な要因の影響を考慮に入れる必要がある場合，理論解析はたいへん難しい課題になるため，必然的にシミュレーションが必要とされる（逆に近似解析などの研究を行うチャンスであるともいえるので，多くの理論研究も行われた[14)~16)]）．

　また，セルラシステムのシミュレーションを行うにしても，呼の生起時間，通話終了時間以外に，いつハンドオフするのかを求める必要がある．そのため，端末を仮想的に移動させる必要がある．

　では，どのように移動させればよいのか．この問いに対しても答えは一つではなく，さまざまな移動パターンが考えられる．また，実際の移動体の動きを模擬するための実測も必要になる．

　このように，利用者の移動という新しい要素がネットワークに加わるだけで評価・設計のために新しい考え方が必要となる．また，派生的な効果として，移動のモデル化自体も新しい研究対象となるなど，多くの関連研究も必要となる（詳しくは 8 章）．

5.11　理論式の導出

　これまで省略してきた式の導出や待ち行列システムの代表的な解析手法を紹介する．

5.11.1　ポアソン到着

　ポアソン到着に対して到着する客数の分布がポアソン分布になることを説明する．ポアソン到着で，長さ t の時間間隔の間に到着する客の人数をランダム変数 $K(t)$ で表す．

　図 5.19 (a) のような状況を考える．n 個の微小区間の特定の k 箇所だけで客が到着する確率は，$(\lambda\Delta t)^k(1-\lambda\Delta t)^{n-k}$ であり，k 箇所の他の組み合わせも考える．そして，$\Delta t \to 0$，$n \to \infty$ とすると，図 (b) のようにポアソン分布の式が得られる．

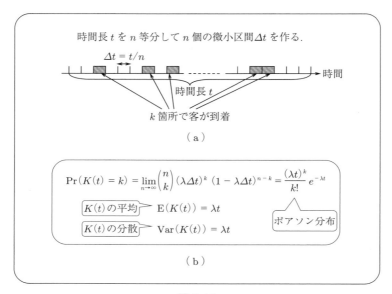

（a）

$$\Pr(K(t)=k)=\lim_{n\to\infty}\binom{n}{k}(\lambda\Delta t)^k\,(1-\lambda\Delta t)^{n-k}=\frac{(\lambda t)^k}{k!}e^{-\lambda t}$$

$K(t)$ の平均　　$\mathrm{E}(K(t))=\lambda t$

$K(t)$ の分散　　$\mathrm{Var}(K(t))=\lambda t$　　ポアソン分布

（b）

図 5.19

　次に，ポアソン到着する 2 人の客の到着間隔が指数分布に従うことを説明する．**図 5.20** (a) のように連続してポアソン到着する 2 人の客の到着間隔を X とする．

　最初の客の到着時刻が τ であるとする．事象 $X>x$ は，図 (b) のように $(\tau,\tau+x]$ の間，客が全く到着しないということであり，$\Pr(K(x)=0)$ をポアソン分布で計算して，指数分布の分布関数を得る．

　ポアソン到着を仮定した場合，**PASTA**（Poisson Arrivals See Time Averages）と呼ばれる性質があり，定常状態の任意時刻におけるシステム内の客数が i である確率と，客が到着する直前にシステム内に存在する客数が i である確率が一致する（ポアソン到着以外の場合は一致するとは限らない）．

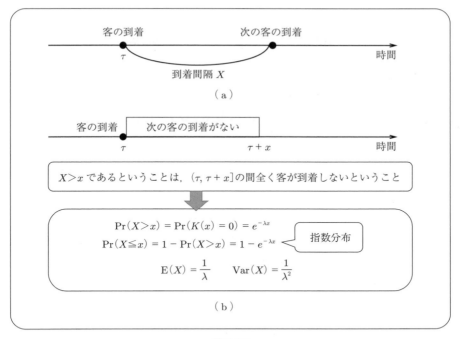

図 5.20

5.11.2　ランダムなサービスの終了

次に，サービスのランダムな終了を考える．図 **5.21** (a) のように時間長 t の区間を n 等分

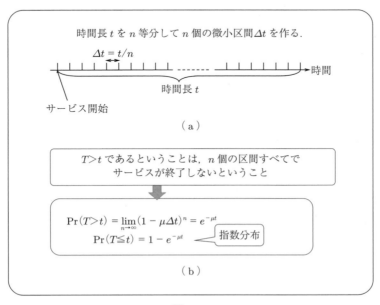

図 5.21

して長さ $\Delta t = t/n$ の微小区間を作る．サービス時間を T とすると，$T > t$ という事象は n 個のすべての区間でサービスが終わらないということであり，結局 $\Pr(T \leq t)$ は図 (b) のように指数分布となる．

5.11.3　M/M/1 の客数の分布（1）

M/M/1 の客数の分布を考える．時刻 t におけるシステム内の客数を $N(t)$ で表す．微小時間 Δt を用いて，事象 $N(t + \Delta t) = i$ を考えると，$i \geq 1$ の場合，これは**図 5.22** (a) のような関係がある．

$\boxed{i \geq 1 \text{ のとき}}$　$\boxed{\text{事象 } N(t + \Delta t) = i}$

⇕ 等価

$N(t) = i$ で，$(t, t + \Delta t]$ で客が到着も終了も全くしない．
または，$N(t) = i - 1$ で，$(t, t + \Delta t]$ で 1 人の客が到着する．
または，$N(t) = i + 1$ で，$(t, t + \Delta t]$ で 1 人の客のサービスが終了する．

（a）

$$
\begin{aligned}
&\Pr(N(t + \Delta t) = i) \\
&= \Pr(N(t) = i)(1 - \lambda \Delta t)(1 - \mu \Delta t) \\
&\quad + \Pr(N(t) = i - 1)\lambda \Delta t + \Pr(N(t) = i + 1)\mu \Delta t \\
&= \Pr(N(t) = i)(1 - \lambda \Delta t - \mu \Delta t + \lambda \mu (\Delta t)^2) \\
&\quad + \Pr(N(t) = i - 1)\lambda \Delta t + \Pr(N(t) = i + 1)\mu \Delta t \\
&\approx \Pr(N(t) = i)(1 - \lambda \Delta t - \mu \Delta t) \\
&\quad + \Pr(N(t) = i - 1)\lambda \Delta t + \Pr(N(t) = i + 1)\mu \Delta t
\end{aligned}
$$

（b）

変形すると
$$
\frac{\Pr(N(t + \Delta t) = i) - \Pr(N(t) = i)}{\Delta t}
$$
$$
= \lambda \Pr(N(t) = i - 1) - (\lambda + \mu)\Pr(N(t) = i) + \mu \Pr(N(t) = i + 1)
$$

$\Delta t \to 0$ とすると
$$
\frac{d\Pr(N(t) = i)}{dt}
$$
$$
= \lambda \Pr(N(t) = i - 1) - (\lambda + \mu)\Pr(N(t) = i) + \mu \Pr(N(t) = i + 1)
$$

（c）

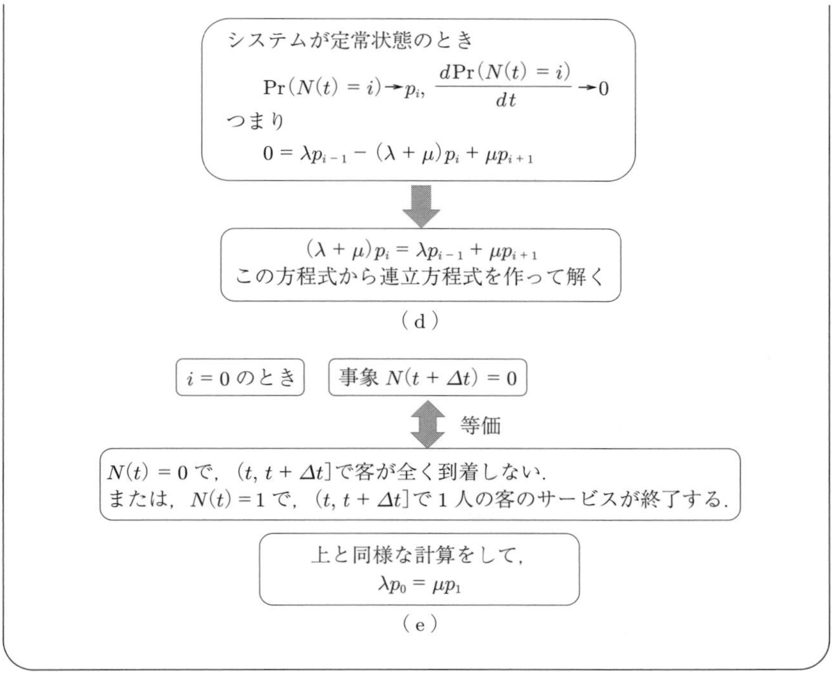

システムが定常状態のとき
$$\Pr(N(t)=i) \rightarrow p_i, \quad \frac{d\Pr(N(t)=i)}{dt} \rightarrow 0$$
つまり
$$0 = \lambda p_{i-1} - (\lambda+\mu)p_i + \mu p_{i+1}$$

$$(\lambda+\mu)p_i = \lambda p_{i-1} + \mu p_{i+1}$$
この方程式から連立方程式を作って解く
（d）

$i=0$ のとき　　事象 $N(t+\Delta t)=0$

等価

$N(t)=0$ で，$(t, t+\Delta t]$ で客が全く到着しない．
または，$N(t)=1$ で，$(t, t+\Delta t]$ で1人の客のサービスが終了する．

上と同様な計算をして，
$$\lambda p_0 = \mu p_1$$
（e）

図 5.22

　この関係を式で書いて変形すると，図 (b), (c) のようになる．この微分方程式を解くということも考えられるが，別の考え方を取り入れる．システムの**定常状態**という状態があるとする．これは，時間が十分に経過して，$\Pr(N(t)=i)$ が定常状態確率 p_i に近づき，$d\Pr(N(t)=i)/dt = 0$ となるという状態である．時間関数であった，$\Pr(N(t)=i)$ が時間によらない p_i になり，図 (c) の微分方程式から図 (d) の方程式が $i \geq 1$ の場合に得られる．同様に，$i=0$ の場合（図 (e)）の方程式も得られるので，これらを連立方程式として解けばよいことになる．

5.11.4　M/M/1の客数の分布（2）

　前項に求めた連立方程式を**図 5.23** (a) の状態遷移図から求めることができる．この状態遷移図では，状態遷移確率 $\lambda\Delta t$ と $\mu\Delta t$ が対応する有向辺に書かれている．つまり，状態 i から状態 $i+1$ へは確率 $\lambda\Delta t$ で遷移し，状態 i から状態 $i-1$ へは確率 $\mu\Delta t$ で遷移する．

　このような状態遷移図で，状態 i から隣の状態へ移る確率と隣の状態から状態 i へ移ってくる確率は，状態 i 及び隣接する状態 $i-1$ と状態 $i+1$ の関係で求まり，図 (b) のようになる．ここで，時間が十分に経過したときに定常状態があると，図 5.22 (d) からわかるように状態 i から隣の状態へ移る確率と隣の状態から状態 i へ移ってくる確率が等しくなる．この

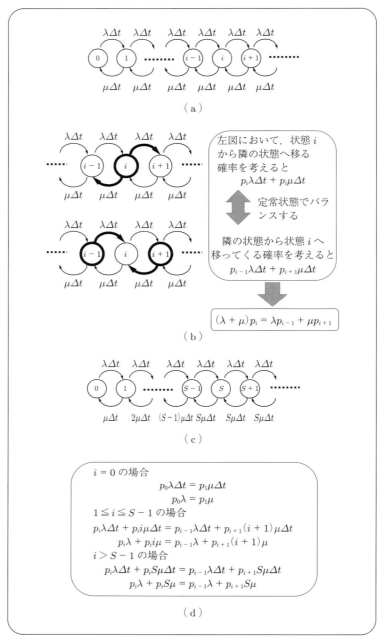

左図において，状態 i から隣の状態へ移る確率を考えると
$$p_i\lambda\Delta t + p_i\mu\Delta t$$

定常状態でバランスする

隣の状態から状態 i へ移ってくる確率を考えると
$$p_{i-1}\lambda\Delta t + p_{i+1}\mu\Delta t$$

$$(\lambda + \mu)p_i = \lambda p_{i-1} + \mu p_{i+1}$$

（a）

（b）

（c）

$i = 0$ の場合
$$p_0\lambda\Delta t = p_1\mu\Delta t$$
$$p_0\lambda = p_1\mu$$
$1 \leqq i \leqq S-1$ の場合
$$p_i\lambda\Delta t + p_i i\mu\Delta t = p_{i-1}\lambda\Delta t + p_{i+1}(i+1)\mu\Delta t$$
$$p_i\lambda + p_i i\mu = p_{i-1}\lambda + p_{i+1}(i+1)\mu$$
$i > S-1$ の場合
$$p_i\lambda\Delta t + p_i S\mu\Delta t = p_{i-1}\lambda\Delta t + p_{i+1}S\mu\Delta t$$
$$p_i\lambda + p_i S\mu = p_{i-1}\lambda + p_{i+1}S\mu$$

（d）

図 5.23

ように状態遷移図だけをみて方程式を得ることもできる．

　別の例として，M/M/S の状態方程式を考える．状態遷移図は図 (c) である．M/M/1 との違いはサーバ数が S 個あるので，サービス中の客数は 0 から S となり，状態 0 ではサービス中の客数は 0，状態 1 では 1，状態 2 では 2，$\cdots$，状態 $S-1$ では $S-1$，状態 S では S

となる．状態 $S+1$ 以降は常に S 人の客がサービスを受けていることになる．

このため，状態 i から $i-1$ への遷移確率は，$i \leqq S$ であるときには $i\mu\Delta t$ となり，$i > S$ であるときには $S\mu\Delta t$ となる．よって，M/M/S の状態遷移図の辺の重みが M/M/1 とは異なっている．M/M/S の状態遷移図において，状態 i から隣の状態に移る確率と，隣の状態から状態 i に移る確率がつりあうとすると，図 (d) のような方程式を得ることができる．

上記のような状態遷移図から方程式を作る手法は，複雑な状態遷移を伴うシステム（例えば2変数で状態を表すようなシステム）についても適用できる．

5.11.5　M/M/1の客数の分布（3）

再び M/M/1 に戻る．図 5.22 (d) と (e) の連立方程式を解くために，**図 5.24** (a) のように足し合わせる．すると図 (b) のように，漸化式が得られ，確率の総和が1であること，M/M/1 では $\rho < 1$ である場合に定常状態があることから，最終的な定常状態確率が得られる．

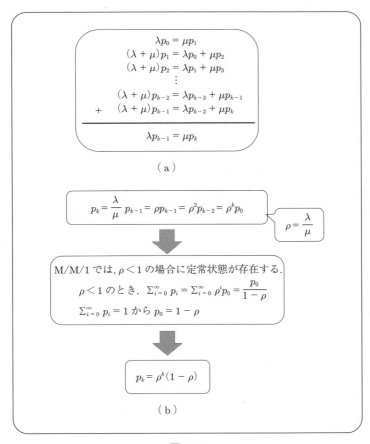

$$\lambda p_0 = \mu p_1$$
$$(\lambda + \mu)p_1 = \lambda p_0 + \mu p_2$$
$$(\lambda + \mu)p_2 = \lambda p_1 + \mu p_3$$
$$\vdots$$
$$(\lambda + \mu)p_{k-2} = \lambda p_{k-3} + \mu p_{k-1}$$
$$+ \quad (\lambda + \mu)p_{k-1} = \lambda p_{k-2} + \mu p_k$$
$$\overline{\qquad\qquad\qquad\qquad\qquad}$$
$$\lambda p_{k-1} = \mu p_k$$

（a）

$$p_k = \frac{\lambda}{\mu}\,p_{k-1} = \rho p_{k-1} = \rho^2 p_{k-2} = \rho^k p_0 \qquad \rho = \frac{\lambda}{\mu}$$

M/M/1 では，$\rho < 1$ の場合に定常状態が存在する．
$\rho < 1$ のとき，$\sum_{i=0}^{\infty} p_i = \sum_{i=0}^{\infty} \rho^i p_0 = \dfrac{p_0}{1-\rho}$
$\sum_{i=0}^{\infty} p_i = 1$ から $p_0 = 1 - \rho$

$$p_k = \rho^k(1-\rho)$$

（b）

図 **5.24**

5.11.6　特性値とリトルの公式

定常状態確率がわかれば，システム内客数の平均 $\mathrm{E}(N_S)$，平均待ち時間 $\mathrm{E}(T_q)$ や待ち室の客数の平均 $\mathrm{E}(N_q)$，平均システム内滞在時間 $\mathrm{E}(T_S)$ も計算できる．結果を図 **5.25** に示す．

$$\mathrm{E}(N_S) = \frac{\rho}{1-\rho} \qquad \cdots \text{システム内客数の平均}$$

$$\mathrm{E}(T_S) = \frac{1}{\mu} \cdot \frac{1}{1-\rho} \qquad \cdots \text{平均システム内滞在時間}$$

$$\mathrm{E}(N_q) = \frac{\rho^2}{1-\rho} \qquad \cdots \text{待ち室の客数の平均}$$

$$\mathrm{E}(T_q) = \frac{1}{\mu} \cdot \frac{\rho}{1-\rho} \qquad \cdots \text{平均待ち時間}$$

$$\mathrm{E}(N_S) = \lambda \mathrm{E}(T_S) \qquad \text{リトルの公式}$$
$$\mathrm{E}(N_q) = \lambda \mathrm{E}(T_q)$$

図 **5.25**

また，図 5.25 に示すように，これらの特性値の間にはリトルの公式と呼ばれる関係があり，システム全体を見たときにはシステム内の平均客数がシステムへの到着率と平均システム内滞在時間の積と等しくなり，待ち室を見たときには待ち室での平均客数が待ち室への到着率と待ち室での平均滞在時間（平均待ち時間）の積と等しくなる．

5.11.7　M/M/S/S の解析

次に，即時式システム M/M/S/S を解析する．M/M/S の場合と同様に，状態遷移図を用いる．状態遷移図は図 **5.26** (a) のようになる．M/M/S とは異なり待ち室がないので状態は 0 から S の $S+1$ 種類となっている．有向辺の重みは M/M/S と同様である．

図 (b) に示すように，この状態遷移図から連立方程式を作り，これを解くことで図 (c) のように定常状態確率が求まる．ここで，パラメータは呼量 $a = \lambda/\mu$ である．客が到着したときにすべての回線が使用中である確率 B を計算する式は**アーラン *B* 式**と呼ばれ，ポアソン到着には PASTA という性質があるので，定常状態確率の p_S と等しくなる．

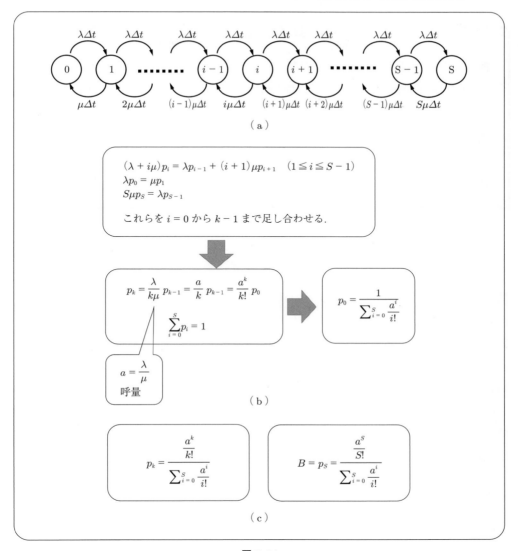

図 **5.26**

```
┌─────────────────────────────────────────────────────┐
│                  本章のまとめ                         │
└─────────────────────────────────────────────────────┘
```

❶ ネットワーク工学において重要な一部分を占めている待ち行列理論，通信トラヒック理論の基礎について考えた．待ち行列システムをいくつか考え，いくつかの評価指標で各システムを観察した．

❷ 理論だけでは対応できないような場合に用いられるコンピュータシミュレーションについて，その仕組みと必要性について考えた．

❸ 待ち行列システムの理論解析手法を考え，理論式を導出した．

──────────────── ●理解度の確認● ────────────────

問 **5.1** ポアソン分布の平均値と分散を求めよ．

問 **5.2** 指数分布の平均値と分散を求めよ．

問 **5.3** 平均 $1/\lambda$ の指数分布に従うランダム変数 X を考え，$\Pr(X > y + x | X > y) = \Pr(X > x)$ であることを示せ．これは**無記憶性**という性質である．

問 **5.4** サービス規律として，**FIFO**（First-In First-Out）を主に考えたが，他のサービス規律について調べよ．

問 **5.5** M/M/1 の $\mathrm{E}(N_S)$, $\mathrm{E}(T_S)$, $\mathrm{E}(N_q)$, $\mathrm{E}(T_q)$ を導出せよ．

問 **5.6** M/M/S の定常状態確率 p_k を導出せよ．

6 ネットワーク の信頼性

　現実の世界では，ネットワークはどのように構成されているのだろうか．例えば，コンピュータのネットワークを考えたとき，任意の二つのコンピュータが通信できるとしたとき，最も単純なものは，すべてのコンピュータを直接つなぐものである．しかしながら，これでは接続するコンピュータが増えれば，新たに多くの配線が必要であり，現実的ではない．また，中央にハブを設けるのが普通だろうか．ただ，ハブが故障した場合は，どのコンピュータ間も通信できなくなる．その意味では先の構造なら，あるコンピュータが故障しても，そのコンピュータとの通信ができないだけである．つまり故障などの不具合を想定した際にも，ネットワークが機能するような対応は必要であり，本章では，その方法について学ぶ．

6.1 連結度とメンガーの定理

　ここでは，ある点や辺に障害が起きたときに，ネットワークが維持できるような構造を考える（**図 6.1**）．例えば，辺を通信回線，点をルータとなるネットワークとする．このとき，ルータに何かしらの故障が起きたり，通信回線が切断されても，ネットワークとして機能するような構造に注目する．ネットワークとして機能するとは，障害が起きた点や辺を除いても，他の点や辺が連結していることとする．

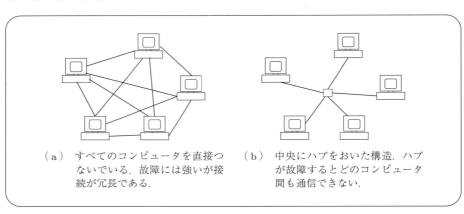

（a）　すべてのコンピュータを直接つ　　　（b）　中央にハブをおいた構造．ハブ
　　　ないでいる．故障には強いが接　　　　　　が故障するとどのコンピュータ
　　　続が冗長である．　　　　　　　　　　　　間も通信できない．

図 6.1

　点にあたるものが故障した場合，その点をネットワークから削除する．2 章で学んだように，何点か削除するとネットワークは非連結となるが，削除した点数の最小値をネットワークの点連結度（或いは単に連結度）という．非連結の場合は，連結度が 0 であり，木の場合は連結度 1，サイクルだと連結度は 2 となる．なお，完全グラフの場合は，いくら点を削除しても非連結とはならないため，連結度は点数から 1 引いた数とした．

　次に辺に関する連結度，辺連結度を考える．こちらも点のときと同じく，削除により非連結となる辺数の最小値を辺連結度とした．

　一般に，辺連結度は点連結度以上となることが知られている[1]．

　例えば，**図 6.2** は，点連結度 2，辺連結度 3 のグラフである．これは，通信網として見た場合，点のみであれば 1 か所，辺のみであれば 2 か所故障しても通信を維持できることを意味する．なお，点と辺が同時に故障することも考えると，点が 1 か所，辺が 1 か所同時に故

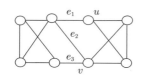

点連結度 2 (ある 2 点 (u と v) を削除すると非連結
となる) かつ，辺連結度 3 (ある 3 辺 (e_1, e_2, e_3) を
削除すると非連結となる) のグラフ．v と e_1 を削
除しても非連結となる．

図 **6.2**

障すると通信が維持できなくなる組合せが存在する．

　さて，点連結度が 1 のグラフ G があったとする．上記性質より辺連結度は 1 以上となる．
G は連結なので，任意の 2 点間にパスが存在する．それでは，点連結度が 2 の場合は，どの
ようなことがいえるだろうか．これに関しては，メンガーが基礎となる結果を与えている[2]．

　[**定理 6.1**] (メンガーの定理)　u, v を無向グラフ G の隣接していない点とする．u と v を
非連結とする (u から v への道が存在しない) ために除去する点の最小数は，u, v 間の点素
な道 (u, v 以外に点を共有しない道) の最大数と等しくなる．

　例えば，図 **6.3** (a) のグラフで，点 v_1 と v_2 を非連結とするには，2 点 v_3, v_4 を削除すれ
ばよく，点数として最小である．メンガーの定理より v_1 と v_2 間には，二つの点素なパスが
存在する．

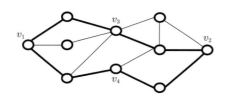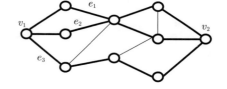

（a）点 v_3 と v_4 を取り除くと v_1 と v_2 が非連結
　　となる．
　　メンガーの定理より v_1, v_2 間に点素な 2 本
　　の道が存在する (太線)．

（b）辺 e_1, v_2, e_3 を取り除くと v_1 と v_2 が非連結
　　となる．
　　メンガーの定理より v_1, v_2 間に辺素な 3 本
　　の道が存在する (太線)．

図 **6.3**

　点連結度と関連させると，グラフ G の点連結度が t 以上であるための必要十分条件は，任
意の相異なる 2 点に対して，t 本以上の点素なパスが存在することである[1]．図 (a) は，点連
結度は 2 なので，どの 2 点間にも 2 本の点素なパスが存在する．

　辺に関しても同様に以下の定理が成り立つ．

　[**定理 6.2**]　u, v を無向グラフ G の点とする．u と v を非連結とする (u から v への道が
存在しない) ために除去する辺の最小数は，u, v 間の辺素な道 (各道が辺を共有しない) の

最大数と等しくなる.

図 (b) において，v_1 と v_2 を非連結とするためには，e_1, e_2, e_3 の三つの辺を除去するのが辺数最小となる．定理 6.2 より v_1, v_2 間に三つの辺素なパスが存在する．

辺連結度と関連させると，グラフ G の辺連結度が t 以上であるための必要十分条件は，任意の相異なる 2 点に対して，t 本以上の辺素なパスが存在することとなる．

図 (b) は，辺連結度は 3 なので，どの 2 点間にも 3 本の辺素なパスが存在する．辺素なパスは，各辺重みを 1 とし，3 章の最大フローを求めるアルゴリズムにおいて，増分可能道を繰り返し求めることで得られる．例えば，図 (b) の v_1 から v_2 への最大フローは，太い辺上をフロー値 1 で流れるものであり，辺素なパスが三つあることが容易にわかる．

点素なパスも，3 章の最大フローを求めるアルゴリズムを用いることで，得ることができる[3]．ただし，最初にグラフの変形が必要となる．ここでは，図を複雑にしないように，有向ネットワークを用いる．無向グラフは，各無向辺を有向の対称辺に置き換えればよい．各点 v を 2 点 v', v'' と辺 (v', v'') に置き換え，v が終点となる辺 (u, v) は v' に接続するとし，v が始点となる辺 (v, w) は，v'' に接続するとする（**図 6.4** (a)）．図 (b) において，v_1 から v_2 への点素なパスを求める場合，図 (c) のように変形し，v_1 から v_2 への最大フローを求めればよい．

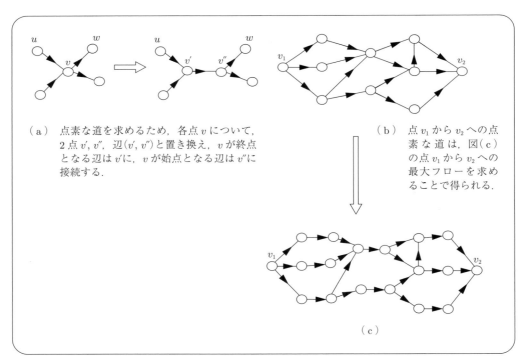

（ a ） 点素な道を求めるため，各点 v について，2 点 v', v''，辺 (v', v'') と置き換え，v が終点となる辺は v' に，v が始点となる辺は v'' に接続する．

（ b ） 点 v_1 から v_2 への点素な道は，図（c）の点 v_1 から v_2 への最大フローを求めることで得られる．

（ c ）

図 **6.4**

6.2 辺連結度の増加

　ネットワークの点連結度や辺連結度が期待する値より小さい場合は，辺を付加することで，連結度を上げることができる．もちろん，点と辺を付加しても連結度を上げることは可能であるが，ここでは辺の付加に限定しよう．辺を付加し続ければ連結度は高くなるが，必要最小限の辺の付加で連結度を増加させることを考える．実は，この研究はかなり前から盛んであり，多くの結果が得られている[4)～6)]．ここでは，元のネットワークを木とし，辺連結度を2に上げるアルゴリズムを紹介する．すぐにわかるのが，次数1の点はどこかと接続しないと辺連結度は上がらない．ただ，どこでもよいわけではなく，**図6.5**の木で点 a と b，点 e と f を辺で結んでは，辺連結度は1のままである．a と e，b と f を辺で結べば辺連結度は2となるが，どのように見つければよいだろうか．

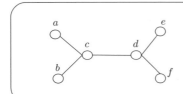

辺の付加で辺連結度を2にしたいが，点 a と b，点 e と f を辺で結んでも辺連結度は1のまま．点 a と e，点 b と f を結べば2となる．

図6.5

　実は，単純なアルゴリズムが存在する．**図6.6**(a) のグラフ T で考えてみよう．T のどこかの点（v とする）から縦型探索（深さ優先探索）で次数1の点を見つけ，順番をつけておく．例えば，矢印に従って縦型探索し，図 (b) のように順番がついたとする．ここで，順番が前半の点と後半の点を辺で結ぶ．全部で点は6個あるので，$(1,4)$，$(2,5)$，$(3,6)$ と辺で結ぶ（図 (c)，太い辺が付加した辺）．次数1の点が奇数であれば，順番が1の点を2回辺で結ぶ．図 (c) は辺連結度が2であることがわかるだろう．

　ただ，この方法では，2と5の順番がついた遠くの点を結ぶことになるかもしれない．図 (c) のように辺を付加せず，例えば，$(1,2)$，$(3,6)$，$(5,4)$ と付加した方が，付加した辺の長さが短くなる．この場合は，辺にコストの重みをつけコストが最小になるように辺を付加すればよいが，とたんに難しい問題になる[7)]．

　図6.6は点連結度も2となるが，例えば**図6.7**のグラフでは，次数1の点4個に二つ辺を

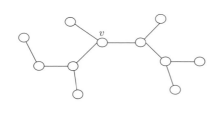

（a） 木の辺連結度が2となるよう木に辺を付
加する.

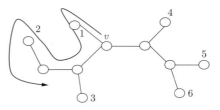

（b） ある点 v から縦型探索(矢印で表現)し,
次数1の点に順番をつける.

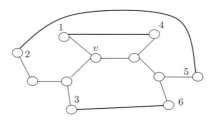

（c） 順番に従って, 点を前半, 後半にわけ
前半の点と後半の点を辺で結ぶ(太線).

図 6.6

次数1の点は四つであるが, 2辺付加し
ても点連結度は1のまま. これは点 v を
削除すると連結成分の個数が4となるか
らである.

図 6.7

付加しただけでは, 点連結度は2とならない. 点連結度を上げるときには, 次数1の点の数
だけでなく, ある点を削除した際にできる連結成分の個数も関係する. 図 6.7 では, 点 v を
削除すると連結成分の個数が4となり, 二つの辺を付加しただけでは v の削除後に連結とは
ならない.

6.3 ネットワーク上での ファイルの配置問題

インターネットのようなネットワーク上のコンピュータにあるファイルをおいて他のユー

ザがそこにアクセスすることを考える．1か所だけにファイルをおくと，アクセスが集中して輻輳(ふくそう)してしまうことがあるので，何か所かにファイルを分散して輻輳を防ごうとする．インターネットで人気のサイトのミラーサイトをつくる場合もこれに当たる．

　ここで，故障など何かあったときにも，接続を保証するサービスを立ち上げるとしよう．その場合，どこにファイルを設置すればよいだろうか．例えば，**図6.8**で，点はコンピュータ，辺は回線として，これらのコンピュータのいくつかにファイルをおく問題を考える．ファイルの置かれたコンピュータを**サーバ**ということにする．もし点wをサーバとすると，wに接続する辺eが故障した場合，他のコンピュータからファイルにアクセスすることができなくなる．つまりwにファイルをおいて他からアクセスすることはあまり得策ではない．

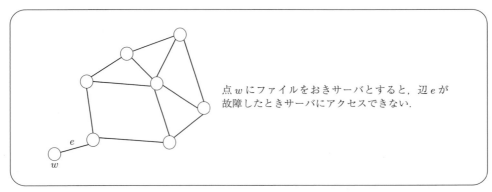

点wにファイルをおきサーバとすると，辺eが故障したときサーバにアクセスできない．

図6.8

　いま，故障するのは辺として，いくつか（r個未満）の辺が故障してもファイルへのアクセスが確保されるファイルの最小個数の配置方法（これをフローネットワークにおける**r-被覆問題**という）について考える．ファイルを配置する条件として，次の2種類を考える．

　ケース①　各コンピュータがアクセスするサーバを固定する．

　ケース②　各コンピュータがアクセスするサーバを固定しない．

ケース①はケース②の特別な場合であるので，サーバの数はケース②のほうが少なくなる．

　ケース①「各コンピュータがアクセスするサーバを固定する」場合，各コンピュータuは，r個未満の辺が故障しても，あるファイルが保存されている特定のコンピュータvと接続している必要がある．これは，最大フロー最小カットの定理より，u, v間の最大フローがr以上であればよい．例を見ながら考えてみよう．

　図6.9(a)のグラフGにおいて，各辺には1の重みがついているとする．Gの各2点間の最大フロー値が一致するような木状のグラフが構成できることはGomoryとHuのアルゴリズム[8]により知られている．図(b)は，Gの各2点間の最大フロー値が一致するような木である．なお，GomoryとHuのアルゴリズムを用いなくても，単純な方法で木状のグラ

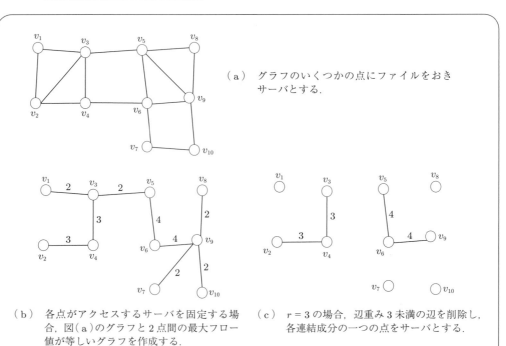

（a）　グラフのいくつかの点にファイルをおき
サーバとする.

（b）　各点がアクセスするサーバを固定する場
合，図（a）のグラフと2点間の最大フロー
値が等しいグラフを作成する.

（c）　$r = 3$ の場合，辺重み3未満の辺を削除し，
各連結成分の一つの点をサーバとする.

図 6.9

フが構成可能である. 図 (a) であれば，すべての2点間の最大フロー値を求め，点集合 $\{v_1,$
$v_2, \cdots, v_{10}\}$ からなる完全グラフを作成し，各辺の重みをその2点間の最大フロー値とする.
この完全グラフの最大木を求めることで，最大フロー値の等しい木状のグラフが構成できる
（**最大木**は最小木と同様のアルゴリズムで求められる）.

　ここで，$r = 3$ とする. つまり，辺が二つ故障してもファイルへのアクセスが可能な配置
を考える. 図 (a) において，そのような配置を見つけるのはたいへんであるが，図 (b) であ
れば容易である. 図 (b) で辺重みが3未満の辺を削除したグラフ（図 (c)）の各連結成分の点
の一つにファイルを設置すればよい. 例えば，$v_1, v_2, v_5, v_7, v_8, v_{10}$ の6個の点にファイル
を設置すればよい.

　次にケース②「各コンピュータがアクセスするサーバを固定しない」場合を考えてみよう.
図 (a) のグラフ G において，$r = 3$ とする. ここで，v_1, v_7, v_8, v_{10} にファイルを置くとする
と，故障した辺が二つ以下であれば他の各点からどこかのファイルに接続が可能となる. 例
えば，v_3 であれば，$v_3 \text{–} v_1, v_3 \text{–} v_4 \text{–} v_2 \text{–} v_1, v_3 \text{–} v_5 \text{–} v_8$ のように共通の辺がない三つ以上の道が
存在する（**図 6.10**）. つまり，故障辺が二つ以下であれば，v_3 は v_1 か v_8 に接続が可能であ
る. ではどのようにファイルを設置するコンピュータを決定すればよいだろうか.

　まず，ある点 v からサーバへの r 本以上の辺素な道が存在するかを判定する方法であるが，

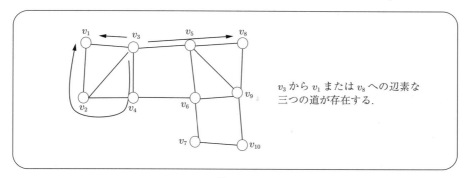

図 **6.10**

これは簡単である．グラフにある特別な点 w を加えて，ファイルをおいてある点と辺で結び，その辺の重みを r とする．そして，v から w への最大フローを求め，その値が r 以上であれば，v からファイルへの r 本以上の辺を共有しない道が存在することになる（図 **6.11** (a)，(b)）．これを用いた解を求めるアルゴリズムは，以下のような単純なものとなる．

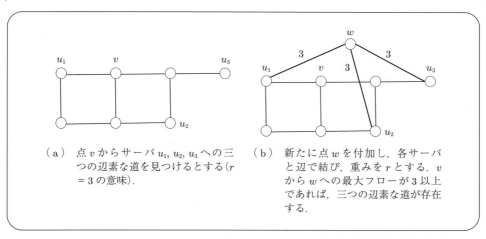

図 **6.11**

アルゴリズム（ネットワークのファイルの**配置問題**：ケース②）——————————

1) 点集合 $V = \{v_1, \cdots, v_n\}$ とし，$U = V$ とする．$i = 1$ とおく．
   （U は，ファイルをおくサーバの集合）

2) $U = U - v_i$ としたとき，U 以外の各点から U への辺素な道が r 本以上であれば v_i を除いたままとし，r 本未満の点があれば，U に v_i を戻す．

3) $i < n$ であれば，$i = i + 1$ とし，2) へ．$i = n$ であれば終了．
   （U が解となる）

例えば，図 6.9 (a) のグラフにおいて，$r = 3$ とする．1) で $U = V$ なので，まずはすべて

の点にファイルを置く．v_1 からファイルを取り除くと，v_1 はファイルに 3 本以上の道でアクセスできないので，v_1 にはファイルを残す（**図 6.12**(a)）．次に v_2 からファイルを除いても，v_2 は 3 本以上の道でファイルにアクセスできるので，v_2 からファイルを除く．次に v_3 からファイルを除いたとする．この段階で，ファイルを持ってないのは v_2 と v_3 であるが，両方とも，3 本以上の道でファイルにアクセスできるので（図 (b)），v_3 からファイルは除いたままとする．これを繰り返すと，v_4, v_5, v_6 からはファイルを除き，v_7, v_8 にはファイルを残し，v_9 からはファイルを除き，v_{10} にはファイルを残して終了する．つまり，v_1, v_7, v_8, v_{10} の 4 個の点にファイルが残ることになり，これが最適となる（図 (c)）．ケース①では，6 個のサーバが必要であったので，実際に数が減少している．ここで，図 (c) の解は，ケース①の解とはならないことに注意しよう．v_3 から v_1 への辺素な道は最大で 2 であり，同様に v_3 から v_7, v_8, v_{10} への辺素な道もそれぞれ最大で 2 である．したがって，v_3 から v_1, v_7, v_8, v_{10} のうちの一つのサーバへの三つの辺素な道が存在しないため，ケース①の解ではない．なお，なぜ解を得られるかとアルゴリズムの計算量については[9]~[11]を参照のこと．

以上の問題では，辺の重みを 1 と仮定したが，重みが自然数であっても同様に解を求める

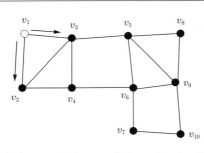

（a）$r = 3$ とする．v_1 をサーバとしない場合，v_1 からサーバへの辺素な道が二つ（矢印）しかないので，v_1 はサーバのまま（サーバとなる点を黒丸で表す）．

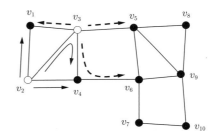

（b）v_2 からサーバへの辺素な道（実線），v_3 からサーバへの辺素な道（破線）がそれぞれ三つあるので，v_2 に続いて v_3 をサーバから除く．

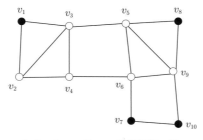

（c）ケース②の 3-被覆問題の解

図 6.12

ことができる．辺重みが 2 であれば，平行した回線が 2 本あるイメージである．

<h1>6.4 速度を保証したデータ配信を可能にするファイルの配置</h1>

　この問題もネットワーク上にファイルを配置するのだが，辺の故障に注目するのではなく，ある一定速度のデータ配信を可能とする配置とする．例えば，自宅のコンピュータからある動画をストリーミングで視聴するとき，実際は，動画を配信する一つのサーバから基本的には同じ経路でデータを受信している（違う経路でも視聴可能とする研究もあるが，ここでは同一経路でデータを受信するものとする）．

　図 **6.13** (a) のグラフにおいて，辺上の数字は回線の速さを表すとする．点 v_1 と点 v_3 を結ぶ辺の重みは 6 なので，例えば，6 Mb/s を意味するとする．ここで，v_1 から v_6 へのパスで最も速くデータを転送できるのは，v_1–v_3–v_5–v_6 と経由するもので，5 Mb/s となる．このような問題では，辺 (v_1, v_2) は重みが 2 で，v_1 と v_2 を直接つなぐより，v_1–v_3–v_4–v_2 と経由したほうが速く送れることになり，辺 (v_1, v_2) は不要となる．さらに辺 (v_3, v_4) は，v_3–v_5–v_6–v_4 と経由した方が速くなるので，辺 (v_3, v_4) も不要となる．結局，グラフの**最大木**を求めて，その上で考えればよいことになる．先に述べたように，最大木は最小木を求めるアルゴリズムと同様の手法が適用できる．例えば，クラスカルのアルゴリズムを適用する場合，最初に辺重みの大きい順に辺をソートし，点のみからなるグラフに，閉路ができないよう順に加え

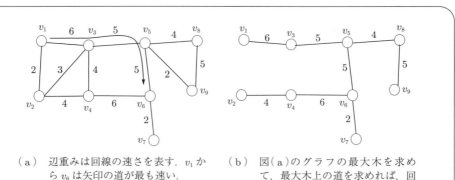

（a） 辺重みは回線の速さを表す．v_1 から v_6 は矢印の道が最も速い．

（b） 図（a）のグラフの最大木を求めて，最大木上の道を求めれば，回線の速さが最も大きくなる．

図 **6.13**

ていけばよい．図 (a) のグラフの最大木を図 (b) に示す．

　さてここで，図 (a) のグラフで，各点からの回線速度を 5 Mb/s 以上確保するよう，ファイルを設置する問題を考える．この場合，重みが 5 より小さい辺は不要なので，すべて取り去り，取り去ったあとの各連結成分に属する点の一つにファイルを設置すればよいことになる．図 (a) の場合は，図 (b) の最大木をみれば分かるように，v_1, v_2, v_7, v_8 にファイルを設置すればよい．

　もっともこの問題は，v_1 と v_6 が通信し，同時に v_3 と v_4 が通信するようなことは想定していない．理想的な環境での最大の速さを考える問題となっている．

6.5　確率による信頼性の評価

　前節まででは，グラフの連結度やネットワーク上の配置問題の観点から信頼性を考えたが，ネットワークの構成要素がどの程度故障するか（あるいは稼動しているか），を確率的に評価したときに，ネットワークの信頼性がどのようになるのかを考えることも多い[12]．

　例として，図 6.14 を考える．ここでは，点がネットワーク機器で，辺がそれらをつなぐ通信回線であるとする．図 (a) のように，辺 e が稼動している確率が p，故障している確率が $q = 1 - p$ であるようなモデルである．

　図 (b) は点 u と w の間を，点 v と辺 e_1 と e_2 でつないでいるグラフであり，辺 e_1 と e_2 の稼働率がそれぞれ p_1 と p_2 である．これらの辺の稼動が独立であるとすると，図 (b) のように uw 間が稼動している確率は稼働率の積 $p_1 p_2$ となる．

　一方，点 u と w の間の経路が稼動していない確率は，図 (c) のように辺 e_1 と e_2 のどちらかが故障している確率である．辺 e_1 が故障する確率が q_1，辺 e_2 が故障する確率が q_2 で，独立に故障するならば，辺 e_1 と e_2 のどちらかが故障している確率は $q_1 + q_2 - q_1 q_2$ である．

　図 (d) のように点 u と v を辺 e_1 と e_2 が並列につないでいる場合には，点 u と v の間の通信回線が稼動している確率，稼動していない確率も，図 (d) と (e) のように求まる．また，構造が複雑になっても同様な考え方で評価できる．

　これらの例では，複数の辺の故障が独立に起こることを仮定した．また，点が辺の故障に及ぼす影響もない．しかし，近年のネットワークでは，このように独立を仮定できないものもある．例として図 6.15 を考える．図 6.15 の点は無線通信機能をもったコンピュータであり，これらは無線で直接通信できることとする．ただし，電波を使うので，ある程度距離が離

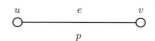

uv 間の通信回線（辺 e）が稼働している確率…p
uv 間の通信回線（辺 e）が故障などで稼働していない確率…$q = 1 - p$

（a）

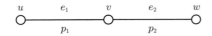

uv 間の通信回線（辺 e_1）が稼働している確率…p_1
vw 間の通信回線（辺 e_2）が稼働している確率…p_2
辺 e_1 と辺 e_2 の稼動は独立である.

$Pr(uw$ 間の通信経路が稼働している)
$= Pr($辺 e_1 と辺 e_2 が共に稼動している)
$= Pr($辺 e_1 が稼動している$)Pr($辺 e_2 が稼動している)
　（独立の仮定から）
$= p_1p_2$

（b）

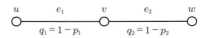

uv 間の通信回線（辺 e_1）が故障している確率…$q_1 = 1 - p_1$
vw 間の通信回線（辺 e_2）が故障している確率…$q_2 = 1 - p_2$

$Pr(uw$ 間の通信経路が稼働していない)
$= Pr($辺 e_1 が故障している. または辺 e_2 が故障している)
$= Pr($辺 e_1 が故障している$) + Pr($辺 e_2 が故障している$) - Pr($辺 e_1 と辺 e_2 が共に故障している$) = q_1 + q_2 - q_1q_2$

（c）

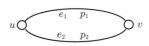

uv 間に二つの通信回線がある.
辺 e_1 で表される通信回線が稼働している確率…p_1
辺 e_2 で表される通信回線が稼働している確率…p_2
辺 e_1 と辺 e_2 の稼動は独立

$Pr(uv$ 間の通信経路が稼働している)
$= Pr($辺 e_1 が稼動している. または辺 e_2 が稼動している)
$= Pr($辺 e_1 が稼動している$) + Pr($辺 e_2 が稼動している$) - Pr($辺 e_1 と辺 e_2 が共に稼動している$) = p_1 + p_2 - p_1p_2$

（d）

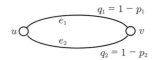

辺 e_1 で表される通信回線が故障している確率…$q_1 = 1 - p_1$
辺 e_2 で表される通信回線が故障している確率…$q_2 = 1 - p_2$

$Pr(uv$ 間の通信経路が稼働していない)
$= Pr($辺 e_1 と辺 e_2 の両方が故障している)
$= Pr($辺 e_1 が故障している$) Pr($辺 e_2 が故障している)
$= q_1q_2$

（e）

図 **6.14**

無線でトランシーバのように直接通信（距離 r 以内なら電波が届く）できる場合を考える．道路上に移動体 S と D がいるが，S と D の距離が r より大きいので直接には通信できない．

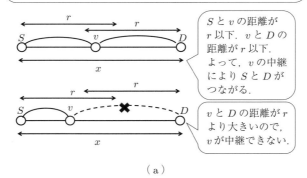

S と v の距離が r 以下．v と D の距離が r 以下．よって，v の中継により S と D がつながる．

v と D の距離が r より大きいので，v が中継できない．

（a）

v は S と D の間に一様に分布しているとする．
SD 間にいる移動体 v の中継により S と D がつながる確率は？

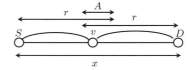

$x > 2r$ のときには明らかに中継できない．
$x \leqq 2r$ ならば
$Pr(v$ の中継により S と D がつながる$) = Pr($区間 A に v が存在する$)$
$= ($区間 A の長さ$)/x = (2r - x)/x$

（b）

SD 間にいる移動体の数 n．
$n \geqq 2$ の場合に，中継により S と D がつながる確率は？

中継により S と D がつながる

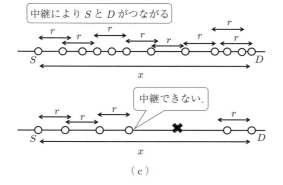

中継できない．

（c）

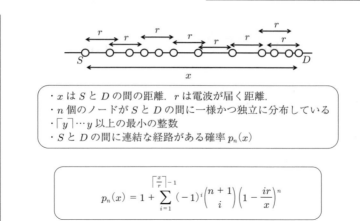

・ x は S と D の間の距離．r は電波が届く距離．
・n 個のノードが S と D の間に一様かつ独立に分布している
・$\lceil y \rceil \cdots y$ 以上の最小の整数
・S と D の間に連結な経路がある確率 $p_n(x)$

$$p_n(x) = 1 + \sum_{i=1}^{\lceil \frac{x}{r} \rceil - 1} (-1)^i \binom{n+1}{i} \left(1 - \frac{ir}{x}\right)^n$$

（d）

図 **6.15**

れると通信できなくなってしまう．ここでは，図 (a) のように距離 r 以内であれば直接通信でき，距離が r よりも離れていれば直接通信できないこととする．ただし，途中に別のコンピュータがあれば，受信をしてから送信できるので，中継を行うことができる．よって，図 (a) の上の例のように，S と D は r よりも離れているので直接通信できないが，いったん S から v に送って，v から D に送ることができる．一方，図 (a) の下の例では v と D は r よりも離れているので直接通信できず，結局 S から D にも送れないことになる．

　図 (a) において，S と D が v の中継によりつながる確率はどのようになるのか？　例えば，v が S と D の間に一様に分布するならば，つながる確率は図 (b) のように計算できる．これは，S と D の間の距離，v と S の位置関係，v と D の位置関係，通信できる最大距離 r などに依存し，グラフの各点，各辺が独立に稼動している図 6.14 の例とはだいぶ異なる．

　中継する点が一つならまだ単純であるが，複数の点が S と D の間に分布し，図 (c) のように多段で中継する場合は，かなり複雑な問題になる．n 個の点が独立かつ一様に S と D の間に分布している場合，S と D を多段中継できる経路が存在する確率は図 (d) のように計算できる[13]．これは，通信ネットワークとは全く関係ない分野において古くから研究されたものであるが，このようにネットワーク信頼性と深く関係があり，8 章で述べるマルチホップ無線ネットワークの連結性を表す指標にもなる．

本章のまとめ

❶ メンガーの定理を理解し，具体的な例で，定理の内容を確認した．

❷ 連結度を増加させることの必要性を理解し，木の場合に辺連結度を1つあげる方法を確認した．

❸ フローネットワークにおける被覆問題とファイルサーバの関係を確認し，各コンピュータがアクセスするサーバを固定する場合としない場合とそれぞれを求めるアルゴリズムを理解した．

❹ 信頼性を確率的に考えた．複数のグラフの辺が使用できなくなる事象が独立である場合と独立に考えられない場合を考えた．

────────────●理解度の確認●────────────

問 6.1 点数 n の木の辺連結度が2以上になるように辺を付加するとする．付加する辺が最小となる木を求めよ．また，付加する辺が最大となる木を求めよ．

問 6.2 図 6.16 において，各コンピュータがアクセスするサーバを固定する場合の3-被覆を求めよ．

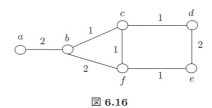

図 6.16

問 6.3 図 6.16 において，各コンピュータがアクセスするサーバを固定しない場合の3-被覆を求めよ．

問 6.4 図 6.15 (c) の状況をシミュレーションするプログラムを作成せよ．ここで，x は S と D の間の距離．r は電波が届く距離．n 個のノードが S と D の間に一様かつ独立に分布している．そのとき，S と D の間に連結な経路がある確率 $p_n(x)$ を求めよ．

問 6.5 理論で確率 $p_n(x)$ を計算し，上のシミュレーションで求めたものと比較せよ．

7 ネットワークにおける経路設計

　本章では，すでにネットワークが存在するとし，点間を結ぶネットワーク上の経路について学ぶ．3章では，最短路や最大フローのような代表的な経路を求めるアルゴリズムを扱った．しかしながら，インターネットなどの通信への応用を考えると，直接適用することは難しい．そこで，現実に対応した問題を取り上げ，その解法について考える．

7.1 最　短　路

ネットワークが道路網を表すとし，2点間を移動するとする．その移動経路を決める際に，何を基準にすればよいだろうか．移動距離が最も小さい経路だろうか．あるいは，移動時間が最も短い経路だろうか．車での移動を想定すると，両者は一致するとは限らないが，算出方法は同じで，3章で学んだ2点間の最短路を求めるアルゴリズムを用いる．各辺の重みが，前者は距離であり，後者は時間となる．

実際に車で移動する際には，いくつか候補の中から選択することも考えられる．その際には，最短から k 番目までの経路を列挙するアルゴリズムも存在する[1]．

7.2 単一経路による最大フロー

3章では，フローネットワークにおいて最大フローを求めるアルゴリズムを学んだ．最大フローは，すべての経路を使って最大どれだけの量を流せるかを求めている．インターネットのようなネットワークと考えると，ある経路に沿って，情報を流す方が現実的とも考えられる．ここでは，経路を単一としたときの最大フローを求めるアルゴリズムを紹介する．**単一経路による最大フロー**は，最小木を求めるプリム法，最短路を求めるダイクストラ法と類似のアルゴリズムで求めることができる．

辺に正の重みのついた有向グラフ G 上のある点 s からある点 t への単一経路による最大フローを求めるとする．これは，s を始点とする辺を始めとし，順次辺を選んで木を構成し，t まで到達するものである．アルゴリズムは以下の通りとなる．

アルゴリズム（単一経路による最大フロー）────────────

① 各点 v に数値と記号のペア (f_v, x_v) を付与する．初期状態は，s に (∞, s)，他の点に $(0, \phi)$ とする．（数値 f_v は s からの仮の単一経路による最大フローを表し，記号 x_v はその s からの単一経路において，v の一つ s よりの点を表す．最初は，s からの道は見つかってないので，フロー値は 0 で，一つ s よりの点はないので ϕ とする．）

② 点を要素とする集合 $S = \{s\}$ とする.

③ s に隣接する S に属さない点 v について,s に付与された数値 f_s と辺 (s, v) の重み $w(s, v)$ の小さいほうと,v に付与された数値 f_v と比較し,前者が大きければ,f_v の値を更新し,記号 x_v を s とする.つまり,(f_v, x_v) は

$$\min\{f_s, w(s,v)\} > f_v \text{ なら},\ (f_v, x_v) = (\min\{f_s, w(s,v)\}, s)$$

と更新する.

④ S に属さない点の中で,付与された数値が最大なもの v_1 を選び,S の要素に加え,辺 (x_{v_1}, v_1) を単一経路による最大フローを導く木の辺として出力する.

⑤ v_1 に対して③から同じ操作を繰り返し,S に点を加えていく.$S = V$ となった時点で終了.(出力された辺からなる辺誘導部分グラフ T は木となり,s から t への道が単一経路による最大フローとなる).

例えば,**図 7.1** (a) において,点 s から t への単一経路による最大フローを求めるとする.点 s には,(∞, s),他の点には,$(0, \phi)$ を与える(図 (b)).

最初に点 s から v_1, v_2, v_3 への辺に従って値を更新する.

点 v_1 : $\max\{\min\{\infty, 5\}, 0\} = 5$ より $\quad (0, \phi) \rightarrow (5, s)$

点 v_2 : $\max\{\min\{\infty, 3\}, 0\} = 3$ より $\quad (0, \phi) \rightarrow (3, s)$

点 v_3 : $\max\{\min\{\infty, 1\}, 0\} = 1$ より $\quad (0, \phi) \rightarrow (1, s)$

点 t に関しては,$(0, \phi)$ のままなので,点 v_1 が選ばれ,辺 (s, v_1) が出力される(図 (c)).

点 v_1 に対しては,点 v_2, t への辺があるので

点 v_2 : $\max\{\min\{5, 1\}, 3\} = 3$ より $\quad (3, s)$ で更新せず

点 t : $\max\{\min\{5, 2\}, 0\} = 2$ より $\quad (0, \phi) \rightarrow (2, v_1)$

点 v_3 は,$(1, s)$ なので,点 v_2 が選ばれ,辺 (s, v_2) が出力される(図 (d)).

点 v_2 に対しては,点 v_3, t への辺があるので

点 v_3 : $\max\{\min\{3, 4\}, 1\} = 3$ より $\quad (1, s) \rightarrow (3, v_2)$

点 t : $\max\{\min\{3, 1\}, 2\} = 2$ より $\quad (2, v_1)$ は更新せず

次に,点 v_3 が選ばれ,辺 (v_2, v_3) が出力される(図 (e)).点 v_3 に対しては,t への辺があるので

点 t : $\max\{\min\{3, 3\}, 2\} = 3$ より $\quad (2, v_1) \rightarrow (3, v_3)$

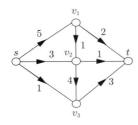

（a）　s から t への経路による最大フローを求める.

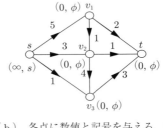

（b）　各点に数値と記号を与える．初期値は s が (∞, s)，他は $(0, \phi)$ とする．

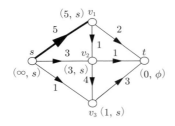

（c）　点 s が始点として隣接する点 v_1，v_2，v_3 に対して，
$v_1 : \max\{\min\{\infty, 5\}, 0\} = 5$ より
$(0, \phi) \to (5, s)$. 同様に
$v_2 : (0, \phi) \to (3, s)$
$v_3 : (0, \phi) \to (1, s)$ と更新
$t : (0, \phi)$
の中で，最も大きい数値の v_1 を選択し，(s, v_1) を出力する.

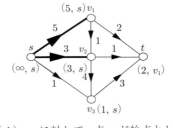

（d）　v_1 に対して，点 v_1 が始点として隣接する点 v_2，t に対して，
$v_2 : (3, s) \to (3, s)$
$t : (0, \phi) \to (2, v_1)$
$v_3 : (1, s)$
数値の最も大きい v_2 を選択し，(s, v_2) を出力する.

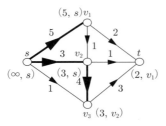

（e）　v_2 に対して，点 v_2 が始点として隣接する点 v_3，t に対して，
$v_3 : (1, s) \to (3, v_2)$
$t : (2, v_1) \to (2, v_1)$
数値の最も大きい v_3 を選択し，(v_2, v_3) を出力する.

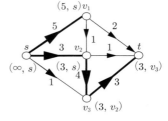

（f）　v_3 に対して，点 v_3 が始点として隣接する点 t に対して，
$t : (2, v_1) \to (3, v_3)$
t を選択し，(v_3, t) を出力する.

単一経路による最大フローは，
$s - v_2 - v_3 - t$
となり，最大フロー値は 3 である.

図 7.1

となり，辺 $((v_3, t)$ が出力される（図 (f)）.

　最終的に，$s\text{-}v_2\text{-}v_3\text{-}t$ の経路が選ばれ，この経路の最大フロー値は 3 となる.

　なお，無向フローネットワークの場合も同様のアルゴリズムで求めることができる．ただ，無向の場合は，6.4 節で触れたように，ネットワークの**最大木**を求めることで，任意の 2 点間の単一経路による最大フローが簡単に求められる.

7.3 遅延時間とフロー値を考慮したルーティング

　次に，7.1 節と 7.2 節の融合した問題を考える．コンピュータネットワークでは，フロー値が十分で，遅延の少ないルートを設定することも重要である．各辺の重みとして，遅延時間とフローネットワークの辺容量の 2 種類とする．この場合，点 u から点 v へのフロー値 f_0

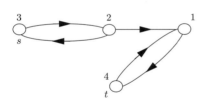

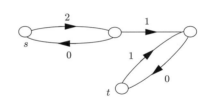

（a）遅延時間が点重みの場合の s から t への最短路を求める.

（b）辺重みに変換（s から t への最短路で s と t の重みは考慮しない場合）各辺の終点の重みを辺重みとする．終点が s, t のときは重み 0

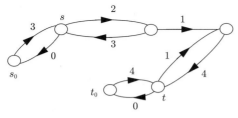

（c）辺重みに変換（s から t への最短路で s と t の重みを考慮する場合）新たに点 s_0, t_0 を加え（点重みは 0），それぞれ s, t と対称辺で結ぶ．各辺の終点の重みを辺重みとし，s_0 から t_0 への最短路を求める.

図 **7.2**

以上で最も遅延の少ないルートを決定せよ．という問題であれば，

- ネットワークの辺で，辺容量 f_0 未満の辺を除去
- 点 u から点 v への最短路

を求めることで，解が得られる．なお，辺ではなく，各点に遅延時間とする重みが付加された場合の最短路も，ネットワークを変形する（図 **7.2** (a)～(c)）ことで，辺重みの場合と同様のアルゴリズムを用いることが可能である．

7.4 ブロードキャスト，マルチキャスト

　ここまでは，ある点からのある点への経路を求めている．車での目的地までの移動や電話などであれば，ある点からある点への経路を求めればよいが，通信ネットワークにおいては，ある点から情報を配信するとき

- ネットワーク上のすべての点へ情報を配信
- ネットワーク上のいくつかの点へ情報を配信

も考えられよう．前者を**ブロードキャスト**，後者を**マルチキャスト**ということとする．

7.4.1 ブロードキャスト

　ある点 s から他のすべての点へ経路を求める際の条件として，各点 v とは，点 s からの最短路でつながっているとする．道路網であれば，もちろん最も短い経路であり，通信ネットワークであれば，遅延が最も小さい経路である．これは，3.2 節で学んだ最短路を求めるダイクストラ法を用いることで求められる．注意すべきところは，目的となる点 t を定めずに，s からすべての点までの経路を求めることである．つまりダイクストラ法は，点 s からすべての点への最短路を求めるアルゴリズムということもできる．図 **7.3** (a)（再掲図 3.6 (a)）において，v_1 からすべての点への最短路をダイクストラ法により求めると，図 (b)（再掲図 3.6 (l)）となる．図 (b) は v_1 から他のすべての点への最短路を示している．

　これとは別に，各辺にコストを設定した場合，点 s からすべての点への経路が存在し，辺の重みの和が最小となる木，つまりコストの総和が最も小さい木を求める問題も考えられる．この問題は，3.1 節の最小木を求めるアルゴリズムにより解くことができる．

　次に，通信ネットワークを想定し，s と各点 v とは，単一経路による最大フローでつながっ

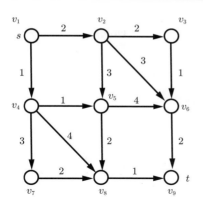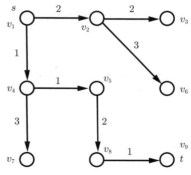

（a）（再掲図 3.6（a））点 s（= v_1）から t（= v_9）の最短路をダイクストラ法で求める．

（b）（再掲図 3.6(1)）ダイクストラ法により v_1 からすべての点への最短路が求められる．これは，v_1 から各点への最も遅延の小さい経路となっている．

図 7.3

ているとする．これは，7.2節で学んだ単一経路による最大フローを求めるアルゴリズムを目的となる点 t を定めずに用いればよい．

7.4.2 マルチキャスト

ある点 s から，いくつかの点への経路を求めるとする．例えば，**図 7.4**(a) において，点 s から，三つの点 v_1, v_4, v_6 への経路を求めるとする．ブロードキャストの場合と同様に，各経路が s からの最短路となるように定めるとすれば，やはりダイクストラ法を用いればよい．図 (b) がその解である．ここで，辺重みをコストと考えれば，s から各点へのコスト最小の経路である．

ここで，ブロードキャストの場合と同様に，点 s から各点への経路上にある辺の重みの和が最小となるものを求める問題も考えられる．図 (a) の場合は，図 (c) がその経路となり，全体のコストが小さくなるマルチキャストである．実はこの問題は，点部分集合を指定した場合にそれらの点をふくんだ最小木を求める問題であり，4.1 節で取り上げたシュタイナー木を求める問題と同じく，NP 困難な問題である．

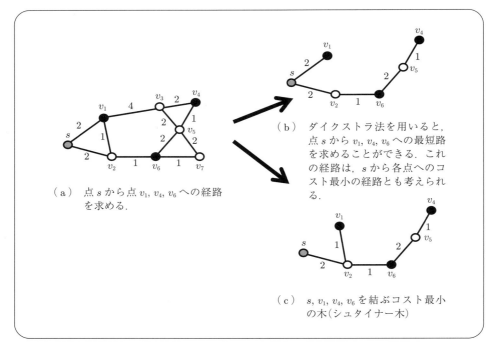

（a） 点 s から点 v_1, v_4, v_6 への経路
を求める．

（b） ダイクストラ法を用いると，
点 s から v_1, v_4, v_6 への最短路
を求めることができる．これ
の経路は，s から各点へのコ
スト最小の経路とも考えられ
る．

（c） s, v_1, v_4, v_6 を結ぶコスト最小
の木（シュタイナー木）

図 **7.4**

7.5 複数点間の経路とマッチング

　次に，複数の点と複数の点を結ぶ問題を考えよう．3章では，多品種フローとして，複数点間のフローを取り上げたが，ここでは，複数の点対間の経路を求めることになる．例えば，図**7.5**(a) における 3 組の点対 $(s_1, t_1), (s_2, t_2), (s_3, t_3)$ 間に辺素な経路が存在する（図 (b)）．しかしながら，点素な経路は存在しない．この問題は，**辺素（点素）経路問題**（あるいは**辺素（点素）パス問題**）と呼ばれる．各点対間の経路が必要なため，多品種フローのように最大フローアルゴリズムを用いることが難しく，一般的には NP 困難な問題である[2]．

　さて，ここまでは，点対 (s_1, t_1) を考えたが，s_1 に対して複数の点 t_i とし，その中のどれか一つ点への経路をみつける問題も考えられる．もちろん，辺素経路問題の一般化であるので，やはり NP 困難であるが，経路ではなく，一つの辺に限定すると効率よく解ける問題も存在する．

　ここで，点集合を $V_1 = \{s_1, s_2, \cdots, s_h\}$ と $V_2 = \{t_1, t_2, \cdots, t_k\}$ の和とし，各辺は V_1 の

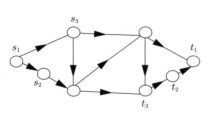 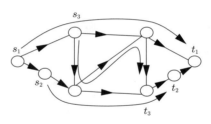

（a） グラフ上の3組の点対(s_1, t_1), (s_2, t_2), (s_3, t_3)

（b） 点 対(s_1, t_1), (s_2, t_2), (s_3, t_3)間に辺素な経路が存在する.

図 **7.5**

点とV_2の点を結んだグラフを考える（**図 7.6**(a)）．互いに隣接しない辺からなる辺集合をマッチング（図 (b)）というが，ここでは，なるべく多くの辺からなるマッチングを求める**最大マッチング問題**を考える．図 (b) のマッチングは，新たな辺をマッチングに加えることが

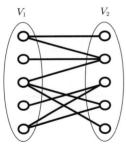 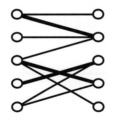 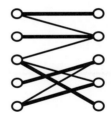

（a） 点集合V_1の点とV_2の点を結んだグラフ

（b） マッチングは互いに隣接しない辺からなる（太い辺がマッチングの辺）．この時点で新たにマッチングの辺を追加できない．

（c） 辺の選び方を変えると5個の辺からなるマッチング（最大マッチング）が存在する.

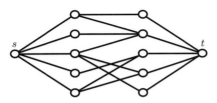 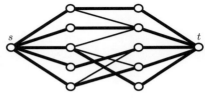

（d） sからtへの最大フローを求める．辺重みはすべて1

（e） sからtへの最大フロー（太い辺）．図（c）の最大マッチングと一致する.

図 **7.6**

できないが，辺を選ぶ直すことで，最大マッチングとなる．V_1 の点が人を表し，V_2 の点が仕事を表すとし，ある人 s_i がその仕事 t_j ができる場合に辺で結ぶとすると，最大マッチング問題は，なるべく多くの人に仕事を振り分ける問題となる．図 (c) が図 (a) のグラフの最大マッチングとなる．最大マッチングを求めるよく知られたアルゴリズムは存在する[3]が，3章で学んだ最大フローを求める問題に帰着させて解くことができる．

図 (a) のグラフに 2 点 s, t を加え，s と V_1 の各点を結び，t と V_2 の各点を結ぶ（図 (d)）．辺重みはすべて 1 とし，s から t への最大フローを求める．3 章で学んだフォード・ファルカーソン法を用いれば，五つの増分可能道が得られるが，その一つ一つが V_1 の点と V_2 の点を結ぶマッチングの辺を表している（図 (e)）．

本章のまとめ

❶ 単一経路における最大フローの定義を確認し，具体的な例でアルゴリズムを理解した．

❷ ブロードキャストとマルチキャストの違いを理解し，与えた条件によって利用可能な既出のアルゴリズムを確認した．

❸ 最大マッチングを求める問題に最大フローを求めるアルゴリズムが適用できることを確認した．

●理解度の確認●

問 7.1 図 **7.7** において，任意の 2 点間の単一経路による最大フローを求めよ．

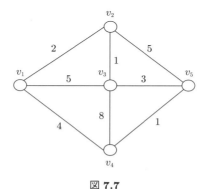

図 **7.7**

問 7.2　図 7.8 は，点重みのネットワークである．s から t への最短路を求めるために，辺重みのネットワークに変換せよ．

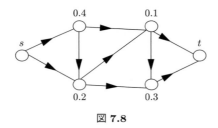

図 7.8

問 7.3　図 7.9 において，s-t 間の最大フロー値 4 以上で，遅延が最も小さい経路を求めよ．

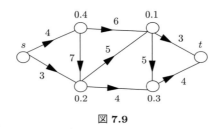

図 7.9

8 モバイルネットワークから見たネットワーク工学

　本章では，モバイルネットワークに関わるネットワーク問題について考える．モバイルネットワークの歴史は比較的浅いが，急速に進化しており，そのたびにさまざまなネットワーク問題が現れ，それらの問題への取組みの結果が蓄積され，こんにちの高度な技術が実現されている．本章では，代表的なネットワーク問題であるグラフ彩色問題のモバイルネットワークへの応用から始め，マルチホップ無線ネットワーク，遅延耐性ネットワークなどの分散型ネットワークに関わるネットワーク問題を紹介し，情報フローティングなどの新しいネットワークに関わる新しいネットワーク問題についても考える．

8.1 はじめに

　モバイルネットワークは**セルラシステム**（図 5.17）のような基地局を中心としたインフラを経由して実現されるものから，移動体どうしが直接無線通信を行い中継することで実現される**マルチホップ無線ネットワーク**，移動体が移動して情報を運ぶような**遅延耐性ネットワーク**までさまざまな形があり，それぞれが相互補完的な役割を果たすことができる．

　このようなモバイルネットワークの多様化の中で，さまざまなところに既存のネットワーク問題が包含されていることが示されてきた．さらに既存のネットワーク問題の拡張が行われ，全く新しいネットワーク問題も示されている．また，経路探索などのようなよく知られたネットワーク問題に付随して意外なところにネットワーク問題が現れることもある．

　また，セルラシステム，マルチホップ無線ネットワーク，遅延耐性ネットワークのようなモバイルネットワークの多様化において，「移動」がさまざまな影響を与えており，それらを考慮に入れてネットワーク制御・設計・最適化が行われている．

　これからも新しく多様なネットワークが現れ，それに伴い新しい問題がうまれてくることだろう．モバイルネットワークは比較的最近生まれ急速に発展したネットワークなので，多様化の過程とそれに伴って考えられてきたネットワーク問題群を観察することは比較的容易である．この観察により，モバイルネットワークの多様化に伴いどのようなネットワーク問題が現れ，なぜそのような観点が必要となったのかを改めて考えることができるだろう．これは今後出てくる新しいネットワークにおいて必要とされる新しいネットワーク工学的アプローチを探すヒントになるかもしれない．このように思いながら考察を行っていく．

8.2 モバイルネットワークに見られる資源配分問題

　モバイル通信という概念が初めて具体的に使用されたのは自動車電話システムであり，我が国でサービス開始されたのは 1979 年である[1]．従来の電話とは異なり，通信主体が移動するという特徴がある．無線での大容量のシステムの実現や単にケーブルを無線化するだけ

でなく移動しながら継続的に通信を行うための仕組みが盛り込まれている．この仕組みが，5.10節で説明したセルラシステム[1),2)]である．

セルラシステムが始まった当初から，ネットワークにおける資源配分問題は重要な課題となっていた．なぜなら通信に必要な周波数資源は有限であり，有効な活用が必須だからである．

セルラシステムでは複数の利用者が同時に通信できるように**多元接続方式**が用いられている．これを用いてチャネルを作り，他の利用者と別のチャネルを使うことで，他の利用者と同時に通信を行うことができる．**図8.1**に示すようにさまざまなものがある．

資源配分を行う際に制約がなければ簡単だが，多くの場合与えられた制約下で資源配分を行う必要がある．**FDMA**を用いる場合，周波数資源配分はチャネルのセルへの割当てであり，チャネル数が足りないため，同じチャネルを複数のセルで空間的に再利用するということが行われる．同じ周波数を同時に使うので，電波干渉の影響を無視できる程度に距離を置く必要があり，これが制約となる．この制約をグラフ上で表して，**図8.2**(a)のようにチャネル割当て問題をグラフ理論の**彩色問題**として考えることができる[3)]．

図(a)の例で説明する．グラフの点が通信している人に対応する．電波干渉による影響が隣のセルまで及び同じチャネルを使えないとする．これを反映させるため同じチャネルを使えない人どうしをグラフの辺で結ぶ．このようなグラフで，隣接しない点には同じ色を塗ってもよいが，隣接した点には違う色を塗り，できるだけ少ない色数ですべての点に色をつけるのがグラフの彩色である．図(a)は5色で塗れる．このグラフでは，右側付近をみると互いにすべて辺でつながっている5個の点がある（**クリーク**）．5点のクリークの点を塗るには5色必要なので最低でも5色必要であるが，この例では全体を5色で塗れているので，最小の色数で塗れていることになる．

次に，動的な資源配分を考える．利用者数はセルごとで異なり時間的にも変動するので，チャネルの割当てを時間的に固定せずに通話要求数に応じて割り当てる方法（**ダイナミックチャネル割当て**）も考えられる[3),4)]．

例えば，図(b)のように，通信が行われている中であるセルで新たに通信要求が発生した場合において，色A～Eの5色で彩色できるかを考える．図(b)の右のグラフで，新しい通信要求に対応する点に隣接する点ではAが使われておらず，新しい点にはAを塗ることができる．

一方，図(c)も同様に新しい通信要求が発生した例であるが，この場合には，新しい通信要求に対応する点と隣接する点に，すべての色A～Eが塗られているので，すぐに彩色できる色がない．しかし，色の「塗り直し」ができるとすると，既にAで塗られていた点をBで塗り直すことができ，それによって新しい点をAで塗ることができる．この塗り直しは，通信分野では通話中の接続換えを意味し，**再配置接続**と呼ばれる技術に対応する[5)]．

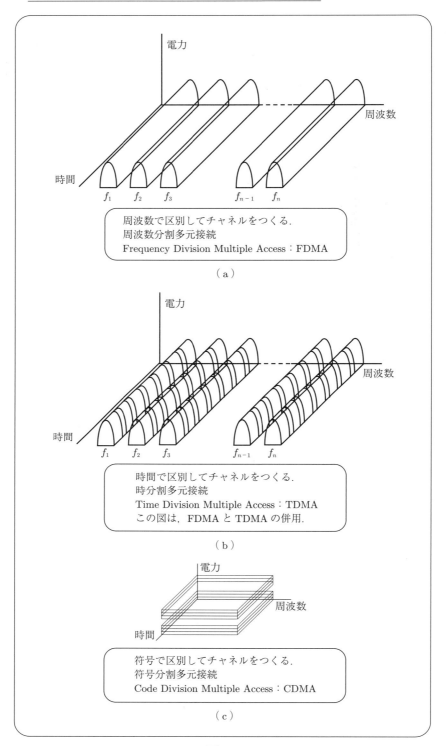

図 **8.1**

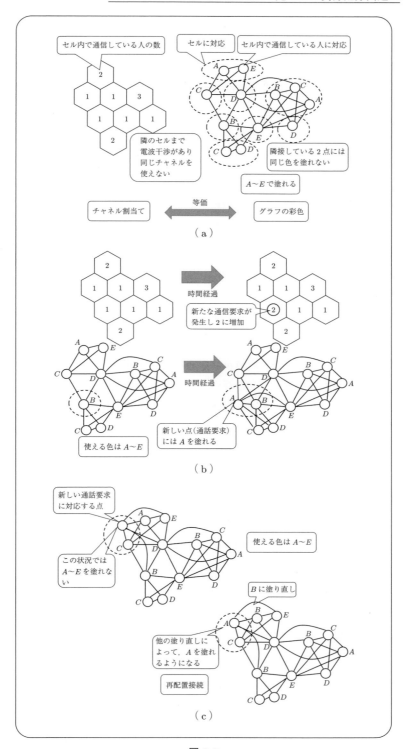

図 **8.2**

　動的な資源配分，塗り直し，といったものの性能評価の具体例として，ダイナミックチャネル割当てのコンピュータシミュレーション結果を考えてみる[1),5)]．評価を行ったシステムのモデルは，図 **8.3** (a)〜(f) のようなサービスエリア，通信，移動を仮定している．このモデルで，固定的な資源配分（図 (b)）と動的な資源配分を比較している．動的な資源配分では塗り直しを行う場合も評価している．シミュレーションの結果を図 **8.4** に示している．上で示したグラフ彩色の例では，答えが比較的簡単に求まるが，実は最適な点彩色を求めることはたいへん難しい問題で，近似アルゴリズムを用いて解を得る必要がある．しかし，図 8.4 のように，ダイナミックチャネル割当，さらに再配置接続を適用すると，ここでは最も単純な近似アルゴリズムを使用しているにも関わらずチャネル利用効率が大幅に向上しており，モバイルネットワークにおける実際的な資源配分にグラフ理論的手法が有効であることがわかる．アルゴリズムの改善，その有効性の証明，通信トラヒック特性の理論解析等にもグラフ理論的手法が有効であることが示されている[6)〜8)]．

　別の資源配分を考えると，点に色をつけるのではなく辺に色をつけて定式化される問題もある[9)]．セルラシステムのようなインフラを使わないモバイルネットワークとしてマルチホップ無線ネットワークがある[10)]．図 **8.5** が例である．移動体が電波を出せば近隣の移動体に届く．移動体が他を中継することで直接電波が届かない移動体どうしも通信を行うことができ，セルラシステムのようなインフラを経由しなくとも移動体どうしで通信することが可能となる．このネットワークはマルチホップ無線ネットワークの他に**モバイルアドホックネットワーク**（**MANET**: Mobile Ad Hoc Network）などと呼ばれる．移動体を点で表し，電波が届く移動体どうしを辺で結ぶとグラフができる．このようにして，図 (a) から作られた図 (b) のようなグラフは**ランダムジオメトリックグラフ**と呼ばれる．

　例えば，図 8.5 のマルチホップ無線ネットワークにおいて，一つの端末が複数の周波数を扱える場合に，同時に複数の周波数を利用する，つまり各辺で使用する周波数を変えるという発想ができ，また，その際には同じ周波数を使う際には距離を置くという必要性も伴うため，異なる辺に異なる色をつけるということも考えられる．これは**辺彩色**と呼ばれる問題になる．もちろん，マルチホップ無線ネットワークであってもグラフの点への彩色問題として考えられるものもあり，さらし端末問題を複数のチャネルを利用することで回避することを考える場合はその一例である[11)]．

　このように，ネットワーク上での制約を受けながら資源配分を効率的に行うことはさまざまなところで必要となるものである．上の例では彩色問題で定式化できたが，新しい問題が出てきたときに，既存のネットワーク問題に帰着させ問題を解くことができるということを理解できたかと思う．仮に既存の問題に帰着できなくとも，拡張した問題としての定式化を行い，それを解くということも常套手段である．例えば，問題に合わせた彩色問題の拡張（中

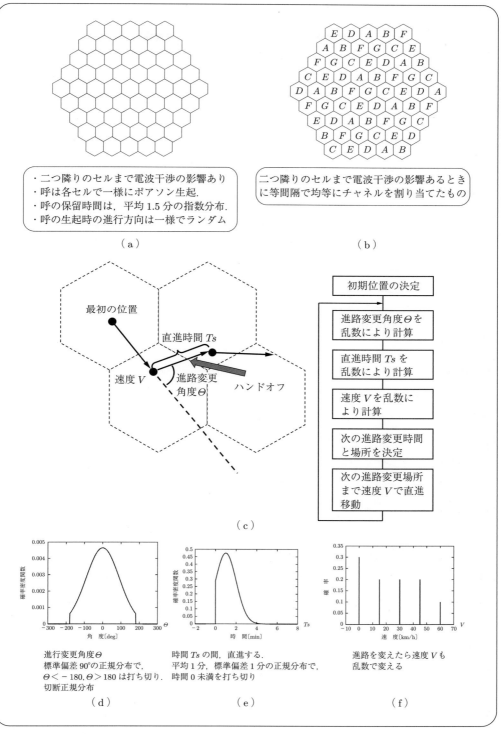

・二つ隣りのセルまで電波干渉の影響あり
・呼は各セルで一様にポアソン生起.
・呼の保留時間は，平均 1.5 分の指数分布.
・呼の生起時の進行方向は一様でランダム

（a）

二つ隣りのセルまで電波干渉の影響あるとき
に等間隔で均等にチャネルを割り当てたもの

（b）

最初の位置

直進時間 T_s

速度 V 進路変更角度 Θ ハンドオフ

初期位置の決定

進路変更角度 Θ を乱数により計算

直進時間 T_s を乱数により計算

速度 V を乱数により計算

次の進路変更時間と場所を決定

次の進路変更場所まで速度 V で直進移動

（c）

進行変更角度 Θ
標準偏差 90°の正規分布で，
$\Theta < -180, \Theta > 180$ は打ち切り．
切断正規分布

（d）

時間 T_s の間，直進する．
平均 1 分，標準偏差 1 分の正規分布で，
時間 0 未満を打ち切り

（e）

進路を変えたら速度 V も乱数で変える

（f）

図 **8.3**

（1）　**固定チャネル割当法**．チャネル数はシステム全体で 105 とし，図 8.3（b）のように 7 色で彩色できることから，各セルに 15 チャネルずつ固定的に割り当てる．同時に通信している人が 15 であるときに生起した呼は呼損となる．

（2）　First Available 法というダイナミックチャネル割当て．図 8.2（b）の例のように，番号順にチャネルを検索し，割当て可能なチャネルが見つかったら割当てる．チャネル数 100

（3）　図 8.2（c）のような塗り直しを行うダイナミックチャネル割当て．塗り直しのアルゴリズムとして，塗り直しの色数を一つに限定した近似手法である第一段階の再配置接続を使用．チャネル数 100

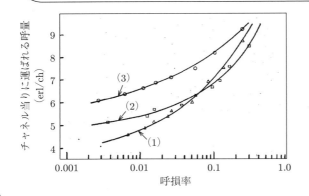

チャネル数が違うので，呼損率に対するチャネル当たりの運ばれる呼量で評価している．

図 8.4

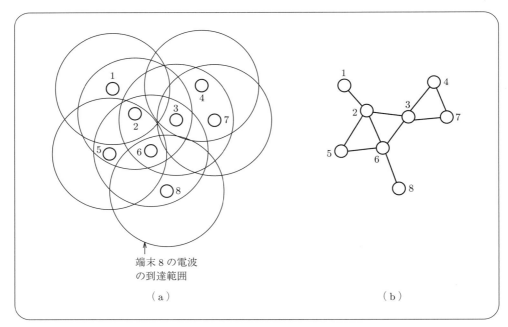

図 8.5

間色を考慮したものなど）もなされており，このような既存問題の拡張としてもさまざまなものが研究されている[12),13)].

8.3 移動がもたらすもの・・・移動そのものの研究，通信と交通の交わり

　モバイルネットワークでは通信主体が「移動」する点で従来のネットワークと異なる．これによりさまざまな新しい課題が出てくることになる．5.10節で説明したように，セルラシステムのハンドオフ（ハンドオーバ）とは，あるセル内の基地局とつながっていた端末が，移動によりこの基地局から遠ざかり，隣接セルの基地局からの電波の方が受けやすくなったときに，基地局のつなぎ換えを行う処理である．ハンドオフは，セルラシステムにおける最も特徴的な制御の一つであるが，これによりシステム設計のための考え方を大きく変える必要が生じる．

　セルラシステムができる前の通信におけるトラヒックは主に通信要求の発生間隔，通信の長さにより決まっていた．しかし，ハンドオフの際に移動先のセルで空きチャネルが存在しない場合，通話が途中で終わってしまう．これは**強制切断**と呼ばれ，従来の固定電話では起こらないものだった．また，つなぎ変えの際には新しい通信要求の発生時と同様にチャネルを割り当てる必要がある一方で，一つのセル内での通信時間は滞在時間に依存するのでハンドオフが頻発すると短くなる．5.10節では，このような状況をシミュレーションにより明らかにする必要性を説明し，その例を示した．

　このように通信主体（人間）の移動が通信トラヒック特性（ネットワーク性能）に影響を与えるようになる．つまり，ネットワーク性能を考慮しながら設計や制御を行うためには「移動」の影響を考慮する必要があるということになり，これはそれまでのネットワークでは存在しなかった観点である．

　そのため，モバイルネットワークの研究開発を行う際には，通信主体の移動をどのようにモデル化して，それを反映した設計・制御・最適化をどのように行うかが考えられ始めた．その結果，情報通信の研究分野であるにも関わらず，移動体の移動のモデル化の研究が行われ始めた．

　端末の移動のシミュレーションを行うために，図8.3(c)のような手続きで端末を移動させ

ることが考えられる．この手順による端末の軌跡は図 (c) のようになり，この軌跡とセル境界が交わる時間がわかるのでハンドオフ発生時刻などを計算できる．

　これをプログラム化するためには，移動方向，直進時間，速度を表す乱数をそれぞれ発生さ

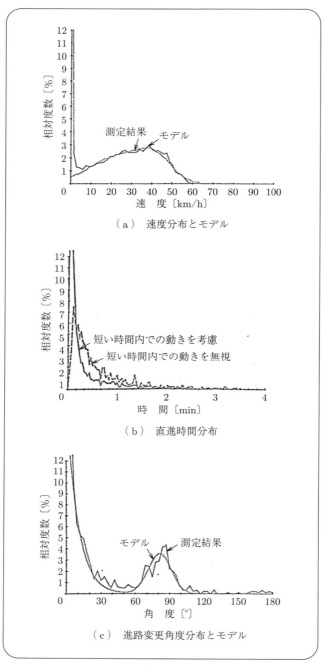

（a）　速度分布とモデル

（b）　直進時間分布

（c）　進路変更角度分布とモデル

図 **8.6**

せる必要があり，そのためには移動方向，直進時間，速度の数学モデルが必要となる．1970年代にそのようなモデルは存在せず，このモデル化を行うこと自体もネットワーク研究となった．初期の研究では図 8.3 (d)〜(f) のようなおおまかな**移動モデル**が用いられた[5]．図 8.4 のセルラシステムのシミュレーション結果で用いたモデルは，この大まかなものである．

　その後，実際の状況を反映するために実測データを元にした移動体モデルも作られた．その一例が**図 8.6** (a)〜(c) である[14],[15]．現在ならば，移動体の場所を GPS で把握してモバイル通信で収集してビッグデータとして処理することがすぐに考えられるが，当時はそのような技術はなく，ジャイロやスピードメータなどを利用した自作の計測システムを自動車に搭載して計測が行われた．その後，GPS が普及して，これを用いた同様のモデル化を容易に行うことができ関連の研究も行われた[16]．

　また，自動車や歩行者の移動を対象とした学問である**交通工学**分野における知見も蓄積されており，これをモバイルネットワークに生かすということもなされた[17]．つまり，分野の融合である．

　このように，新しいシステムが導入されることで，そのシステムを考える際に新たに必要となるものがあり，それを他分野から導入する，あるいは分野は関係なく自分で作り出す，ということが求められる．これに対応することでまた次のステップに移ることができる．上述の移動のモデル化，通信工学と交通工学の融合は，その一例である．

8.4　移動がもたらすもの・・・ネットワーク構造の変化

　8.2 節において，マルチホップ無線ネットワークでは移動体どうしが直接無線通信でつながり，中継を行うことで，インフラを利用せずにネットワークを形成できると説明した．このようなネットワークにおいてネットワークを形成する移動体が移動すると何が起こるのか．

　移動体の移動により各移動体が直接無線通信できる範囲が変わり，その中にいる移動体が変わるので，ネットワークの形が変化する．パケットを送る際には送信元ノードから宛先ノードの経路を探索する必要がある．ネットワーク構造が変われば，経路を再度探索する必要がある．よって，ネットワーク構造が頻繁に変化する場合には，それに対応した経路探索を行う必要がある．**図 8.7** はこの様子を示しており，移動体の移動に伴いネットワークの形が変わり，移動体 1 と移動体 8 をつなぐ経路は，時間によって異なる移動体群で形成される．経路の長さも変化する．

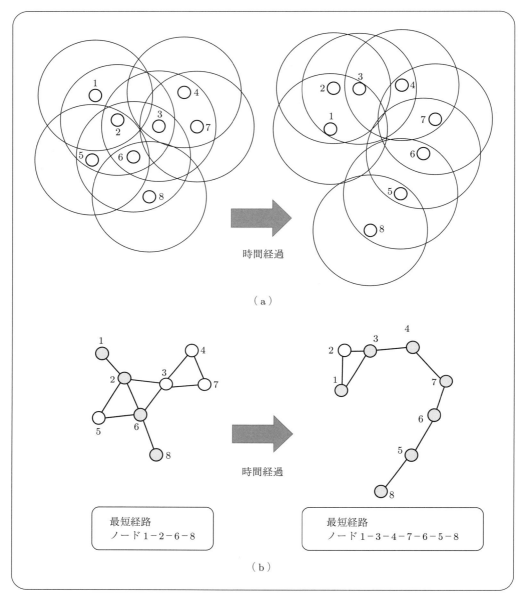

図 **8.7**

　マルチホップ無線ネットワークを形成する移動体は，自動車や歩行者のように高速にあるいは頻繁に移動することもあり，このような頻繁なネットワーク構造の変化を伴うという点でインターネットの経路制御とは異なる．このような頻繁なネットワーク構造の変化も，移動に伴って生ずる新しい観点であり，これに対応した経路制御アルゴリズムが考えられている[10),18)．

　このような経路制御手法でしばしば用いられるものとして**フラッディング**がある．フラッ

ディングにおいて，送信元がブロードキャストしたパケットを受信した移動体は再ブロード
キャストを行う．再ブロードキャストされたパケットを受信した移動体は更に再ブロードキャ
ストする．これを繰り返しネットワーク全体の移動体にパケットを配信するための手法がフ
ラッディングである．経路制御手法の一つである **OLSR**（Optimized Link State Routing
Protocol）[18)] では，フラッディングの負荷を軽減するため **MPR**（MultiPoint Relays）と呼
ばれる集合を求め，MPR のノードだけにフラッディングの際の再ブロードキャストを行わ
せる．この MPR とは，中心のノードから見た隣接ノードを考え，その一部のノードによっ
て 2 つ隣のノードをすべてカバーできるような隣接ノードの集合である．図 **8.8** が MPR の
例である．MPR を求めることは，経路探索のための情報収集のためのネットワーク問題と
いうことになる．

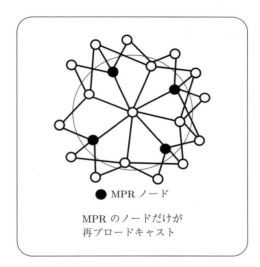

● MPR ノード

MPR のノードだけが
再ブロードキャスト

図 **8.8**

　また，移動によりネットワークの形が変わるとき，図 **8.9** (a) と (b) における左の状態のよ
うに，ネットワークは連結であり続けるわけではなく，図 (a) と (b) における右の状態のよ
うにネットワークが複数の連結成分にわかれてしまうこともある．6 章で既に述べたように
有線ネットワークの信頼性評価を行う際には，リンク故障率がノードの位置関係とは独立に
与えられ，それを基にしてパスが機能しているかを測ることが考えられるが，モバイルネッ
トワークの場合には，リンクの有無がノードの位置関係，通信可能範囲に依存することが一
般的である[19)]．直感的に，ノード間距離が長いとリンクができにくいということである．こ
れは，6 章で一部示したような性質である．更に，いままでつながっていたものが切れるな
ど，移動による影響も大きい．つまり，ネットワークの信頼性や連結性がノードの位置関係，
通信可能範囲だけでなく，移動に依存するという前提で考える必要がある．

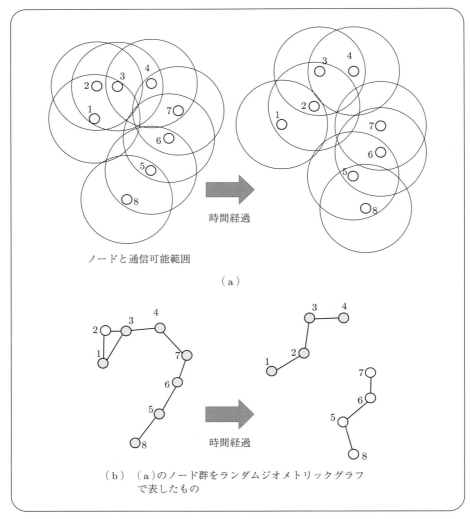

（a）

ノードと通信可能範囲

時間経過

（b）（a）のノード群をランダムジオメトリックグラフ
　　　で表したもの

図 **8.9**

　また，8.3節で述べたようにセルラシステムの研究において，ネットワークの研究に移動
の研究が取り込まれたように，マルチホップ無線ネットワークにおいても端末の移動自体の
研究も行われ，よく使用された**ランダムウェイポイント移動モデル**（図**8.10**）自体の研究と
して，この移動に従って多くの移動体が移動した場合のノードの分布等の解析など，さまざ
まな研究が行われた[20]．

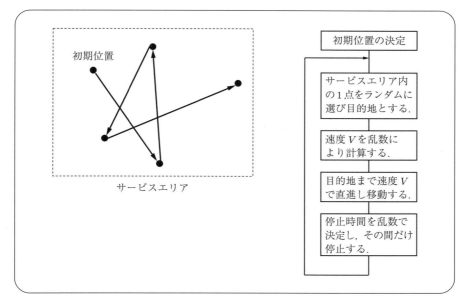

図 8.10

8.5　情報の運搬・・・遅延耐性ネットワーク，エピデミックな伝達

　移動体は互いに電波が届かない場所にいると直接通信できないが，近づけば直接通信できるようになる．ここで情報をもちながら移動体が近づくということは，「情報を運搬」するということを意味する．つまり，情報をもつ移動体が移動することで情報を運び，相手の移動体に情報を渡せるということである．**図 8.11** の移動体 1 と 2 が，その例である．

　このような新しい観点から情報伝達を考えると，情報の伝達速度が移動体の移動速度に依存し，従来の通信の基準からすると大きな遅延時間が発生することがわかる．そのため，情報の運搬を利用する手法は，長い遅延を許容した上で情報伝達を優先するネットワークである**遅延耐性ネットワーク**（**DTN**: Delay Tolerant Network）として用いられる[21],[22]．

　このように，**情報の運搬**を利用すれば，マルチホップ無線ネットワークのような連結な経路は必ずしも必要ではない．**図 8.12** を考える．マルチホップ無線ネットワークであれば，図 (b) の左の状態のようにノード 1 からノード 8 への連結な経路がない場合，まずはネットワー

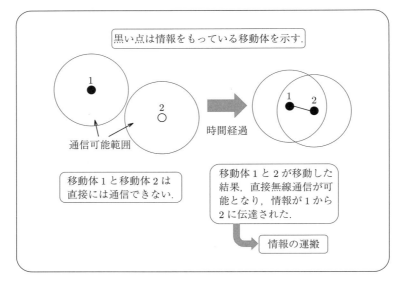

黒い点は情報をもっている移動体を示す.

1

2

通信可能範囲

時間経過

1 2

移動体1と移動体2は
直接には通信できない.

移動体1と2が移動した
結果,直接無線通信が可
能となり,情報が1から
2に伝達された.

情報の運搬

図 8.11

ク構造の変化により連結な経路ができることを期待して経路を探すことになる.しかし,ネッ
トワーク構造が図 (b) の右のように変化したとしてもノード1とノード8の間には連結な経
路がないので,依然として経路は見つからない.

　ここで見方を変える.図 (b) の左の状態においてノード2はノード1とつながっており,
情報を入手できる.その後,時間経過に伴いノード2は情報を運搬し,図 (b) の右の状態にお
いてはノード6に情報を運ぶことができる.このとき,ノード6は連結な経路でノード8に
情報を送ることができる.つまり,ノード1からノード8への連結な経路が形成できなかっ
たとしても,ノード2による情報の運搬によって,ノード1からノード8に情報伝達を行う
ことができる.このように伝染させて情報を送ることから,**Epidemic Routing**[21] と名付
けられた経路制御手法が提案されている.ここでも,このような伝染型の情報伝達を**エピデ
ミック通信**と呼ぶことにする.

　エピデミック通信は,情報のコピーを周辺の移動体にばらまき,それらが移動して更に情
報を広げる,ということを繰り返して情報を伝える.つまり,情報を空間的に拡散している
ことになる.インフラを利用しないことや,マルチホップ無線ネットワークのように連結な
経路を必要としないため移動体の密度が小さいときでも使えることなどから,災害時の非常
時通信などに有効であると考えられている.

　このように移動体の移動を情報の拡散に利用するという発想は,有線ネットワークではあ
りえないことで,モバイルネットワークならではの発想である.エピデミック通信がマルチ
ホップ無線ネットワークと異なる本質的な部分は,すぐに直接通信するのではなく情報を運

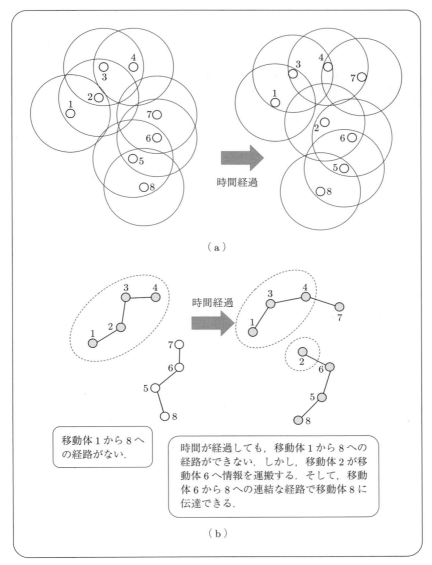

（a）

時間経過

移動体 1 から 8 への経路がない．

時間が経過しても，移動体 1 から 8 への経路ができない．しかし，移動体 2 が移動体 6 へ情報を運搬する．そして，移動体 6 から 8 への連結な経路で移動体 8 に伝達できる．

（b）

図 **8.12**

んでから送るという発想だけであり，このような柔軟な発想により，セルラシステムやマルチホップ無線ネットワークなどでは対処しきれない状況においても有効な手段を提供できるというのは興味深く，発想の大切さを示す例である．

　エピデミック通信におけるネットワーク問題としては，適切な情報伝達と不必要な情報拡散の抑制の両立を実現することがあげられる．そのため，さまざまなアルゴリズム的な工夫がなされているが[22]，一方で，直接的に拡散を抑制する手法もあり，これについては次節で述べる．

8.6 情報の浮遊・仮想的な蓄積・・・情報フローティング

エピデミック通信は極めて柔軟性の高い情報伝達手段であるが，情報を空間的に拡散するため，その情報を必要としない領域への無駄な拡散を招くことになる．

図 **8.13** の例を考える．ここでは，ある地域の人々に情報を伝えることを考え，「宛先エリア」と書かれた領域の移動体にノード S がもつ情報を伝えることを目的とする．また，黒いノードが情報をもっているとする．図 (a) ではノード S と連結なノード群に情報が伝わる．時間が経過した状態が図 (b) である．移動体が移動し，図 (b) ではノード 3 と 4 が宛先エリア内のノードに情報を伝達している．つまり目的どおりの情報伝達が行われている．しかし一方で，宛先エリアに関係ない地域で，ノード 7 や 8 に情報が伝達されている．更に時間が経過した図 (c) では更に広く情報が拡散している．

このようにエピデミック通信では宛先のノードや宛先の地域以外への情報の無秩序な拡散を招く可能性があり，これが解決すべき課題になっている．そのため，移動体の移動の傾向などを探り，それを利用して情報の拡散を制御する手法などの新しい手法が考えられてきた[22]．

これらの手法とは異なり，無秩序な拡散を直接的に制限する手法として**情報フローティング**[23],[24] がある．移動体が自身の位置を把握できるという前提で，情報と一緒にその情報を送信してもよい領域（送信可能エリア）の情報も送ることにより，各移動体が送信可能エリア内だけで送信を行い，情報の不必要な拡散を防ぐというものである．図 **8.14** は図 8.13 の例と同じ状況で宛先エリアだけを送信可能エリアとして設定し，情報フローティングを行った例である．ここで，情報源 S だけはどこにいても送信を行うこととする．

図 (a) においてノード S が隣接ノードに伝達する．情報を受け取ったノードは，他のノードと通信可能な距離に近づいたとしても，送信可能エリア以外では送信しない．そうすることで宛先エリア近辺に設定された送信可能エリア内だけで送信が行われ，宛先エリア周辺のノードだけが情報を受け取ることになる．これにより宛先エリア以外の地域での拡散を抑制することができる．図 (a)〜(c) はこの様子を示している．

この手法では情報が送信可能エリア近辺に「浮遊」したような形になることが，情報フローティングの名前の由来である．インフラがなくても使用できるので災害時でも使用でき，場

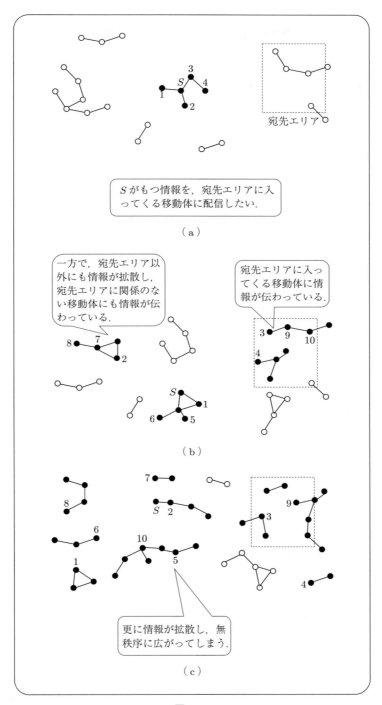

図 **8.13**

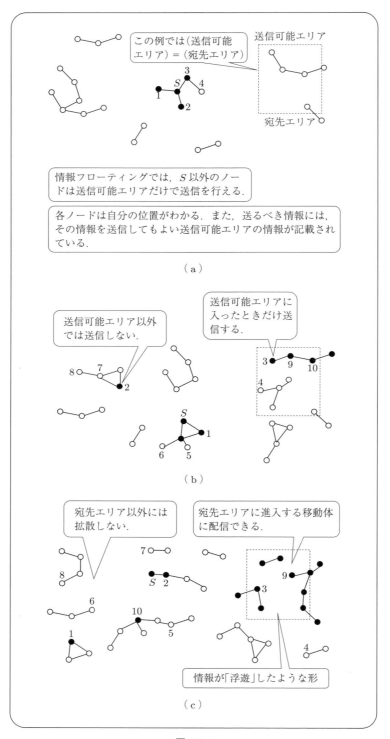

この例では（送信可能エリア）＝（宛先エリア）

送信可能エリア

宛先エリア

情報フローティングでは，S 以外のノードは送信可能エリアだけで送信を行える．

各ノードは自分の位置がわかる．また，送るべき情報には，その情報を送信してもよい送信可能エリアの情報が記載されている．

（a）

送信可能エリア以外では送信しない．

送信可能エリアに入ったときだけ送信する．

（b）

宛先エリア以外には拡散しない．

宛先エリアに進入する移動体に配信できる．

情報が「浮遊」したような形

（c）

図 **8.14**

所を指定して情報を拡散させることができる．そのため，情報フローティングを用いれば，災害時において，事故現場，復旧工事現場や危険な場所の周辺に，緊急事故情報，進入禁止情報などを配信できる[24]~[26]．

　情報フローティングの基本的なネットワーク問題として，情報フローティングを継続させるための工夫がある[24]．情報フローティングは，送信可能エリアに入った移動体から他の移動体への情報伝達が繰り返されることで継続する．よって，この情報伝達を行うことができず，送信可能エリア内に情報をもつ移動体がいなくなれば情報フローティング自体が終る可能性がある．この問題に対応するため，送信可能エリアを適切な大きさにするための手法が必要となる．

　また，本章で述べたように，移動は通信トラヒック，ネットワーク構造に影響を及ぼし，この影響を考慮した設計・制御手法が必要とされるようになったが，情報フローティングの研究に関連して，本質的に新しい移動の影響を考慮する必要性が生じている．それは，ネットワークによって配信される情報によって移動体が行動を変え，この行動変化による影響がネットワークに跳ね返ってくるというものである[24]~[26]．

　この問題は，上述の情報フローティングによる誘導情報配信において見ることができる．情報フローティングで誘導情報を配信すると，情報を受け取った移動体が誘導に従い行動変化を起こす．すると，行動変化した移動体が情報伝達を行う相手は，行動変化しない場合と比較して異なるものになる．このように移動体どうしの情報伝達に変化が起これば，当然情報フローティングにも影響は及ぶ．つまり，移動体の移動がネットワークに影響を及ぼすだけでなく，ネットワークが移動体の移動に影響を与え，その結果がネットワークにも跳ね返ってくるのである．このような観点は従来なかったものであり，移動を考慮したネットワーク問題へのアプローチとして，情報による移動への影響も考慮する必要性が生じていることを意味している．

　情報フローティングに関するネットワーク問題は，その基本機能である情報配信に関するものに留まらない．情報フローティングは，単なる情報配信だけでなく，空間情報の蓄積も行えることが示されている[27]．多くの移動体が収集あるいは計測した情報を一つの送信可能エリアで情報フローティングにより交換すると，その送信可能エリア周辺に情報が蓄積される．これにより仮想的な**データ蓄積機能**が実現できるのである．通常の**無線センサネットワーク**においては，センサが計測した情報はゲートウェイと呼ばれるデータ収集装置が収集することが前提とされるが，情報フローティングは，このゲートウェイを設置することなく，仮想的にデータ蓄積機能を空間に実現できるということになる[27]．このように，情報蓄積装置とは無縁の情報通信技術として考えられてきた情報フローティングによって，新しい形の空間情報蓄積機能を実現できることになる．この新機能を生かすために，情報フローティン

グの新しいネットワーク問題も検討されている[27]．このように物事をさまざまな視点から見ることで新しい可能性が開けることもある．

8.7 新しい移動体によるネットワーク

　自動車電話から始まり，マルチホップ無線ネットワーク，DTN，情報フローティングなどの新しいネットワークに広がりを見せてきたモバイルネットワークの研究であるが，今後も新しい形が出てくるものと思われる．

　最近では，移動体として自動車，人間だけでなく，**UAV**（Unmanned Aerial Vehicle），ドローンなどの無人航空機によるマルチホップ無線通信の中継，エピデミック通信のような情報の運搬が広く検討されている[28],[29]．災害時の通信手段への応用なども考えられている．災害時の情報運搬という観点では，災害時における物資運搬車両や作業用車両による情報運搬についても検討が行われている[24]．この場合には，「**物資輸送**[30]」と「**情報運搬**」を融合するための新しい考え方が必要となる．

　無人という意味では，**自動運転車両**のような新しい移動体により構成されるモバイルネットワークもあるだろう．人間が自由意志で動きながらネットワークを形成するのに対し，自動運転車両やロボットは互いに協調して移動したり，作業をしたりすることもあり，また新しいネットワークの特徴がみえるかもしれない．

　上述のとおり，新しいものの見方や捉え方，新しい移動体の出現などのさまざまな要因によって，今後も新しいタイプの問題が現れる可能性が大いにあると考えられる．興味深い研究課題も多く出てくるであろう．今後もさまざまな視点から大いに研究が行われ発展することが期待される．

本章のまとめ

❶ 実システムの中に含まれるネットワーク問題として，モバイルネットワークとグラフの彩色問題の関係を例示し，この問題を観察することで，ネットワーク工学がどのように応用され，それ自身も発展してきたかを観察した．

❷ モバイルネットワークの特徴である「移動」がもたらすさまざまなネットワーク問題を考え，過去の研究例を観察した．通信に留まらない研究の必要性，他分野との融合の必要性の例を観察した．

❸ セルラシステム以外のモバイルネットワークとして，マルチホップ無線ネットワーク，遅延耐性ネットワーク，情報フローティングを考え，移動がネットワークに及ぼす影響だけでなく，ネットワークが移動に影響を及ぼすこと，その影響によりネットワーク自体もまた影響を受けることなど，新しいネットワーク問題について観察した．

●理解度の確認●

問 8.1 人間が新しい移動体（自動運転車両，ロボットなど）と一緒につくる新しいモバイルネットワークの可能性，応用について想像し，考察せよ．

問 8.2 問 8.1 のモバイルネットワークにあるネットワーク問題を挙げよ．

引用・参考文献

（**2 章**）

1) R. Diestel（著），根上生也，太田克弘（訳）：グラフ理論，丸善出版 (2012)

2) 伊理正夫，白川功，梶谷洋司，篠田庄司，仙石正和 他：演習グラフ理論――基礎と応用，コロナ社 (1983)

3) G. Chartrand, L. Lesniak and P. Zhang: Graphs & Digraphs, Sixth Edition, Chapman and Hall/CRC (2015)

4) B. Corte and J. Vygen（著），浅野孝夫 他（訳）：組合せ最適化 第 2 版（理論とアルゴリズム），丸善出版 (2012)

5) T. Cormen, C. E. Leiserson and R. L. Rivest（著），浅野哲夫 他（訳）：アルゴリズムイントロダクション 1, 2, 3，近代科学社 (2012)

6) A. V. Aho, J. E. Hopcroft and J. D. Ullman（著），野崎昭弘，野下浩平 他（訳）：アルゴリズムの設計と解析 1, 2，サイエンス社 (1977)

（**3 章**）

1) Joseph. B. Kruskal: On the Shortest Spanning Subtree of a Graph and the Traveling Salesman Problem, Proceedings of the American Mathematical Society, **7**, 1, pp. 48～50 (1956)

2) A. V. Aho and J. D. Ullman: The Theory of Parsing, Translation, and Compiling, **1**, 2 Parsing. Prentice Hall (1972, 1973)

3) R. C. Prim: Shortest connection networks and some generalizations, Bell System Technical Journal, **36**, pp. 1389～1401 (1957)

4) E. W. Dijkstra: A note on two problems in connexion with graphs, Numerische Mathematik, **1**, pp. 269～271 (1959)

5) L. R. Ford, Jr. and D. R. Fulkerson: Flows in Networks, Princeton University Press (1962)

6) J. Edmonds and R. M. Karp: Theoretical Improvements in Algorithmic Efficiency for Network Flow Problems, Journal of the ACM, **19**, 2, pp. 248～264 (1972)

7) R. G. Busacker and Thomas Lorie Saaty: Finite Graphs and Networks (Pure & Applied Mathematics), McGraw–Hill Inc. (1965)

8) 山本芳嗣，久保幹雄：巡回セールスマン問題への招待，朝倉書店 (1997)

9) G. B. Dantzig and J. H. Ramser: The Truck Dispatching Problem, Management Science, **6**, 1 (1959)

（**4 章**）

1) M. R. Garey, R. L. Graham and D. S. Johnson: The Complexity of Computing Steiner Minimal Trees, SIAM J. Applied Mathematics, **32**, pp. 835～859 (1977)

2）G. Y. Handler and P. B. Mirchandani: Location on networks: Theory and Algorithms, MIT Press (1979)

3）仙石正和：ネットワークにおけるロケーション問題，電子情報通信学会誌，**71**, 6, pp. 568〜572 (1988)

4）O. Kariv and S. L. Hakimi: An Algorithmic Approach to Network Location Problems. I: The p-Centers, SIAM Journal on Applied Mathematics, **37**, 3, pp. 513〜538 (Dec., 1979)

5）O. Kariv and S. L. Hakimi: An Algorithmic Approach to Network Location Problems. II: The p-Medians, SIAM Journal on Applied Mathematics, **37**, 3, pp. 539〜560 (1979)

6）Gabriel Y. Handler and Margalit Rozman: The continuous m-center problem on a network, Networks, **15**, 2, pp. 191〜204 (1985)

7）R. Bellman: An introduction to the theory of dynamic programming, The Rand Corporation, Santa Monica, Calif. (1953)

8）安田雪：実践ネットワーク分析，関係を解く理論と技法，新曜社 (2001)

9）鈴木努，金明哲：ネットワーク分析，共立出版 (2009)

10）Amy N. Langville and Carl D. Meyer: Google's PageRank and Beyond,Princeton University Press (2011)

11）P. Erdős and A. Rényi:　On Random Graphs. I, Publicationes Mathematicae, 6, pp. 290〜297 (1959)

12）R. Albert and A.-L. Barabási: Statistical mechanics of complex networks, Reviews of Modern Physics, 74, pp. 47〜97 (2002)

13）A.-L. Barabási（著），青木薫（訳），新ネットワーク思考，NHK 出版 (2002)

14）A.-L. Barabási（著），池田裕一 他（訳），ネットワーク科学：ひと・もの・ことの関係性をデータから解き明かす新しいアプローチ，共立出版 (2019)

15）巳波弘佳，井上武：情報ネットワークの数理と最適化——性能や信頼性を高めるためのデータ構造とアルゴリズム，コロナ社 (2015)

（**5 章**）
1）L. Kleinrock: Queueing Systems Volume 1, Theory, John Wiley & Sons (1975)

2）秋丸春夫，ロバート B. クーパー，通信トラヒック工学，オーム社 (1985)

3）秋丸春夫，川島幸之助：情報通信トラヒック——基礎と応用——［改訂版］，電気通信協会 (2000)

4）滝根哲哉，伊藤大雄，西尾章治郎：ネットワーク設計理論，岩波書店 (2001)

5）大石進一：待ち行列理論，コロナ社 (2003)

6）荻原春生，中川健治：情報通信理論 1，森北出版 (1997)

7）宮沢政清：待ち行列の数理とその応用，牧野書店 (2006)

8）岡田博美：情報ネットワーク，培風館 (1994)

9）川島幸之助，塩田茂雄，河西憲一，豊泉洋，会田雅樹：待ち行列理論の基礎と応用，共立出版 (2014)

10）川島幸之助，宮保憲治，増田悦夫：最新コンピュータネットワーク技術の基礎，電気通信協会 (2003)

11）白鳥則郎，佐藤文明，斎藤稔，石原進，渡辺尚：シミュレーション，共立出版 (2013)

12）F. Mannering and W. Kilareski: Principles of highway engineering and traffic analysis,

John Wiley & Sons (1998)

13) W. C. Y. Lee: Mobile Communications Engineering, Theory and Applications, McGraw-Hill (Oct. 1997)

14) D. Hong and S. S. Rappaport: Traffic model and performance analysis for cellular mobile radio telephone systems with prioritized and nonprioritized handoff procedures, IEEE Trans. Veh. Tech., **35**, 3, pp. 77~92 (Aug. 1986)

15) 大塚晃，仙石正和，山口芳雄，阿部武雄：移動体の流れと移動通信トラヒックに関する基礎研究，電子情報通信学会技術研究報告，CAS86-249, pp. 81~88 (Mar. 1987)

16) G. Montenegro, M. Sengoku, Y. Yamaguchi and T. Abe: Time-Dependent Analysis of Mobile Communication Traffic in a Ring-Shaped Service Area with Nonuniform Vehicle Distribution, IEEE Trans. Veh. Tech., **41**, 3, pp. 243~254 (Aug. 1992)

（**6 章**）

1) H. Whitney: Congruent graphs and the connectivity of graphs, Amer. J. Math., **54**, pp. 150~168 (1932)

2) K. Menger: Zur allgemeinen Kurventheorie, Sund. Math., **10**, pp. 95~225, (1927)

3) L. R. Ford and D. R. Fulkerson: Flows in Networks, Princeton University Press (1962)

4) K. P. Eswaran and R. E. Tarjan: Augmentation problems, SIAM J. Comput., **5**, 4, pp. 653~665 (1976)

5) T. Watanabe and A. Nakamura: Edge-connectivity augmentation problems, J. Computer and System Sciences, **35**, 1, pp. 96~144 (1987)

6) 永持仁：グラフの連結度増大問題とその周辺，離散構造とアルゴリズム VI, pp. 87~125, 近代科学社 (1999)

7) G. N. Frederickson and J. Ja'ja': Approximation algorithms for several graph augmentation problems, SIAM J. Comput., **10**, pp. 270~283 (1981)

8) R. E. Gomory and T. C. Hu: Multi-terminal network flows, Journal of the Society for Industrial and Applied Mathematics, **9** (1961)

9) 田村裕，菅原秀仁，仙石正和，篠田庄司：無向フローネットワークにおける総合被覆問題について，電子情報通信学会論文誌，J81-A[5], pp. 863~869 (1998)

10) H. Ito, H. Uehara and M. Yokoyama: A Faster and Flexible Algorithm for a Location Problem on Undirected Flow Networks, IEICE TRANSACTIONS on Fundamentals of Electronics, Communications and Computer Sciences, **E83-A**, 4, pp. 704~712 (2000/04/25)

11) K. Arata, S. Iwata, K. Makino and S. Fujishige: Locating Sources to Meet Flow Demands in Undirected Networks, the Lecture Notes in Computer Science, **1851**, pp. 300~313 (2000)

12) 北川賢司：信頼性工学入門，コロナ社 (1979)

13) W. L. Stevens: Solution to a Geometrical Problem in Probability, Annals of Eugenics, pp. 315~320 (Dec. 1939)

（**7 章**）

1) J. Y. Yen: Finding the K shortest loopless paths in a network, Management. Science, **17**,

11, pp. 712〜716 (1971)

2) B. Korte and J. Vygen（著）：浅野孝夫，浅野泰仁，小野孝男，平田富夫（訳）：組合せ最適化（理論とアルゴリズム），フェアラーク東京 (2005)

3) C. Berge: Two theorems on graph theory, Proc. Nat, Acad. Sci. U.S.A., **43**, 9, 8, pp. 42〜844 (1957)

（**8 章**）

1) 桑原守二 監修：ディジタル移動通信，科学新聞社 (1992)

2) W. C. Y. Lee: Mobile Communications Engineering, Theory and Applications, McGraw-Hill (Oct. 1997)

3) M. Sengoku, K. Itoh and T. Matsumoto: A Dynamic Frequency Assignment Algorithm in Mobile Radio Communication Systems, Trans. of IECE, **E 61**, 7, pp. 527〜533 (1978)

4) D. Cox and D. Reudink: A Comparison of Some Channel Assignment Strategies in Large-Scale Mobile Communications Systems, IEEE Trans. on Commun., **20**, 2, pp. 190〜195 (Apr. 1972)

5) 仙石正和，倉田盛彦，梶谷洋司：移動通信系への再配置接続の適用，電子情報通信学会論文誌 B, **J64-B**, 9, pp. 978〜985 (1981)

6) M. Sengoku: Telephone Traffic in a Mobile Radio Communication System Using Dynamic Frequency Assignment, IEEE Trans. Vehicular Technology, **VT-29**, 2, pp. 270〜278 (1980)

7) P. A. Raymond: Performance analysis of cellular networks, IEEE Trans. on Commun., **39**, 12, pp. 1787〜1793 (Dec. 1991)

8) K. Nakano, N. Karasawa, M. Sengoku, S. Shinoda and T. Abe: Characteristics of Dynamic Channel Assignment in Cellular Systems with Reuse Partitioning, IEICE Trans. Fundamentals, **E79**, 7, pp. 983〜989 (July 1996)

9) H. Tamura, K. Watanabe, M. Sengoku and S. Shinoda: A Channel Assignment Problem in Multihop Wireless Networks and Graph Theory, Journal of Circuits, Systems and Computers, **13**, 2, pp. 375〜385 (2004)

10) C. E. Perkins: Ad Hoc Networking, Addison-Wesley (Jan. 2001)

11) A. Fujiwara and Y. Matsumoto: Centralized Channel Allocation Technique to Alleviate Exposed Terminal Problem in CSMA/CA-Based Mesh Networks, Solution Employing Chromatic Graph Approach, IEICE Trans. Commun., **88**, 3, pp. 958〜964 (Mar. 2005)

12) M. Sengoku, H. Tamura, S. Shinoda, T. Abe and Y. Kajitani: Graph Theoretical Considerations of Channel Offset Systems in a Cellular Mobile System, IEEE Trans. on Veh. Tech., **40**, 2, pp. 405〜412 (May 1991)

13) H. Tamura, M. Sengoku, S. Shinoda and T. Abe: Channel Assignment Problem in a Cellular Mobile System and a New Coloring Problem of Networks, IEICE Trans. on Commun., Electronics, Information and Systems, **E74**, 10, pp. 2983〜2989 (Oct. 1991)

14) 仙石正和，和泉寛人，吉越明彦，工藤和光，阿部武雄，山口芳雄：自動車電話システムのトラヒック解析のための自動車の動きの測定 (I)，電子情報通信学会信越支部大会講演論文集, **59** (Oct. 1984)

15) 仙石正和，大塚晃，工藤和光，阿部武雄，山口芳雄，阿達透，井口幸一：自動車電話システムの

トラヒック解析のための自動車の動きの測定 (II)，電子情報通信学会信越支部大会講演論文集，**79** (Oct. 1985)

16) T. Kobayashi, N. Shinagawa and Y. Watanabe: Vehicle mobility characterization based on measurements and its application to cellular communication systems, IEICE Trans. Commun., **E82-B**, 12, pp. 2055～2060 (1999)

17) K. Nakano, K. Saita, M. Sengoku, Y. Yamada and S. Shinoda: Mobile Communication Traffic Analysis on a Road Systems Model, Performance and Management of Complex Communication Networks, Published by IFIP, Chapman & Hall, pp. 3～20 (May 1998)

18) T. Clausen and P. Jacquet: Optimized Link State Routing Protocol (OLSR), RFC 3626 (Oct. 2003).

19) P. Santi: Topology control in wireless ad hoc and sensor networks, ACM Computing Surveys, **37**, 2, pp. 164～194 (June 2005)

20) C. Bettstetter, G. Resta and P. Santi: The node distribution of the random waypoint mobility model for wireless ad hoc networks, IEEE Trans. Mobile Computing, **2**, 3, pp. 257～269 (Sept. 2003)

21) A. Vahdat and D. Becker: Epidemic routing for partially connected ad hoc networks, Technical Report, Duke University (April 2000)

22) Z. Zhang: Routing in intermittently connected mobile ad hoc networks and delay tolerant networks, Overview and challenges, IEEE Communications Surveys, **8**, 1, pp. 24～37 (2006)

23) A. V. Castro, G. D. M. Serugendo and D. Konstantas: Hovering Information-Self-Organising Information that Finds its Own Storage, BBKCS-07-07, Technical Report, Birkbeck College, London (Nov. 2007)

24) 中野敬介：エピデミック通信，情報フローティングと安全・安心，電子情報通信学会 基礎・境界ソサイエティ Fundamentals Review，**10**, 4, pp. 282～292 (2017)

25) K. Nakano and K. Miyakita: Analysis of Information Floating with a Fixed Source of Information Considering Behavior Changes of Mobile Nodes, IEICE Trans. Fundamentals, **E99-A**(8), pp. 1529～1538 (Aug. 2016)

26) 宮北和之，柄沢直之，稲川優斗，中野敬介：情報フローティングによる交通誘導に関する考察，電子情報通信学会論文誌 B，**J101-B**(8), pp. 603～618 (Aug. 2018)

27) N. Karasawa, K. Miyakita, Y. Inagawa, K. Kobayashi, H. Tamura and K. Nakano: Information Floating for Sensor Networking to Provide Available Routes in Disaster Situations, IEICE Trans. Commun., **E103-B**, 4 (Apr. 2020)

28) W. Zhao and M. H. Ammar: Message ferrying, proactive routing in highly-partitioned wireless ad hoc networks, Proc. 9th IEEE Workshop on Future Trends of Distributed Computing System (FTDCS '03), pp. 308～314 (May 2003)

29) W. Zhao, M. H. Ammar and E. Zegura: Controlling the Mobility of Multiple Data Transport Ferries in a Delay-Tolerant Network, Proc. of the 24th Annual Joint Conference of the IEEE Computer and Communications Societies (INFOCOM), pp. 1407～1418 (Mar. 2005)

30) J. Beasley: Route First Cluster Second Methods for Vehicle Routing, OMEGA International Journal of Management Science, **11**, 4, pp. 403～408 (1983)

索　引

—— 著 者 略 歴 ——

田村　裕（たむら　ひろし）
1990年　新潟大学大学院自然科学研究科博士課程修了（生産科学専攻）
　　　　学術博士（新潟大学）
現在，中央大学教授

中野　敬介（なかの　けいすけ）
1994年　新潟大学大学院自然科学研究科博士課程修了（生産科学専攻）
　　　　博士（工学）（新潟大学）
現在，新潟大学教授

仙石　正和（せんごく　まさかず）
1972年　北海道大学大学院工学研究科博士課程修了（電子工学専攻）
　　　　工学博士（北海道大学）
2014年　新潟大学名誉教授
現在，事業創造大学院大学学長・教授

ネットワーク工学
Network Engineering　　　　　　© 一般社団法人　電子情報通信学会　2020

2020 年 6 月 12 日　初版第 1 刷発行

検印省略

編　者　一般社団法人
　　　　電 子 情 報 通 信 学 会
　　　　https://www.ieice.org/
著　者　田　村　　　裕
　　　　中　野　敬　介
　　　　仙　石　正　和
発 行 者　株式会社　コ ロ ナ 社
　　　　代表者　牛 来 真 也
印 刷 所　三 美 印 刷 株 式 会 社
製 本 所　有限会社　愛 千 製 本 所

112–0011　東京都文京区千石 4–46–10
発 行 所　株式会社　コ ロ ナ 社
CORONA PUBLISHING CO., LTD.
Tokyo Japan
振替 00140-8-14844・電話(03)3941-3131(代)
ホームページ　https://www.coronasha.co.jp

ISBN 978–4–339–01824–0　C3355　Printed in Japan

電子情報通信レクチャーシリーズ

（各巻B5判，欠番は品切または未発行です）

■電子情報通信学会編

定価は本体価格+税です。
定価は変更されることがありますのでご了承下さい。

図書目録進呈◆

電子情報通信学会 大学シリーズ

（各巻A5判，欠番は品切です）

■電子情報通信学会編

	配本順		著者	頁	本体
A-1	（40回）	応 用 代 数	伊藤 理正 重 悟 共著	242	3000円
A-2	（38回）	応 用 解 析	堀 内 和 夫著	340	4100円
A-3	（10回）	応用ベクトル解析	宮 崎 保 光著	234	2900円
A-4	（5回）	数 値 計 算 法	戸 川 隼 人著	196	2400円
A-5	（33回）	情 報 数 学	廣 瀬 健著	254	2900円
A-6	（7回）	応 用 確 率 論	砂 原 善 文著	220	2500円
B-1	（57回）	改訂 電 磁 理 論	熊 谷 信 昭著	340	4100円
B-2	（46回）	改訂 電 磁 気 計 測	菅 野 允著	232	2800円
B-3	（56回）	電 子 計 測（改訂版）	都 築 泰 雄著	214	2600円
C-1	（34回）	回 路 基 礎 論	岸 源 也著	290	3300円
C-2	（6回）	回 路 の 応 答	武 部 幹著	220	2700円
C-3	（11回）	回 路 の 合 成	古 賀 利 郎著	220	2700円
C-4	（41回）	基礎アナログ電子回路	平 野 浩太郎著	236	2900円
C-5	（51回）	アナログ集積電子回路	柳 沢 健著	224	2700円
C-6	（42回）	パ ル ス 回 路	内 山 明 彦著	186	2300円
D-2	（26回）	固 体 電 子 工 学	佐々木 昭 夫著	238	2900円
D-3	（1回）	電 子 物 性	大 坂 之 雄著	180	2100円
D-4	（23回）	物 質 の 構 造	高 橋 清著	238	2900円
D-5	（58回）	光 ・ 電 磁 物 性	多 田 邦 雄 松 本 俊 共著	232	2800円
D-6	（13回）	電子材料・部品と計測	川 端 昭著	248	3000円
D-7	（21回）	電子デバイスプロセス	西 永 頌著	202	2500円
E-1	（18回）	半 導 体 デ バ イ ス	古 川 静二郎著	248	3000円
E-3	（48回）	セ ン サ デ バ イ ス	浜 川 圭 弘著	200	2400円
E-4	（60回）	新版 光 デ バ イ ス	末 松 安 晴著	240	3000円
E-5	（53回）	半 導 体 集 積 回 路	菅 野 卓 雄著	164	2000円
F-1	（50回）	通 信 工 学 通 論	畔 柳 功 塩 谷 芳 光 共著	280	3400円
F-2	（20回）	伝 送 回 路	辻 井 重 男著	186	2300円

定価は本体価格+税です。
定価は変更されることがありますのでご了承下さい。

図書目録進呈◆

電子情報通信学会 大学シリーズ演習

（各巻A5判，欠番は品切です）

以 下 続 刊

定価は本体価格+税です。
定価は変更されることがありますのでご了承下さい。

||||||||||||||||||||||||||||||||||||||||| 図書目録進呈◆